# 邊玩邊學

# 使用 Scratch 學習 AI 程式設計

## Scratchではじめる機械学習
作りながら楽しく学べるAIプログラミング

石原 淳也、倉本 大資 著

阿部 和広 監修

吳嘉芳 譯

オライリー・ジャパン

# 推薦序

Scratch 結合 AI，這在兩年前根本是無法想像的事情呢！本書作者石原先生與倉本先生把最熱門的 AI 領域：機器學習，透過 Scratch 呈現。再由阿部和広老師修訂成一本童趣盎然的實作教材。前半篇使用 Google Teachable Machine 帶領讀者實作影像分類、聲音分類還有辨識人體姿勢，後半篇則是以極為生動的方式來說明何謂機器學習、為什麼機器需要學習以及有哪些學習方式，甚至還談到了遺傳演算法的基礎。市面上已出現了種類繁多的軟硬體，都標榜可以把 AI 落實到大學以下的教學現場。除了本書大量使用的 Google Teachable Machine 之外，像是 App Inventor PIC 網站與 Microsoft Lobe. AI 都是非常好用的視覺神經網路訓練工具。

我與阿部老師首次碰面是在 2019 年的上海創客嘉年華，有幸近距離聽了老師分享如何在 Scratch 中運用 AI 技術來帶領孩子們完成一個個的專題。我已玩過本書所有範例，確實畫龍點睛也深入淺出。非常感謝他們所做的努力，也謝謝他們研發了 ImageClassifier2Scratch 這個 Scratch 外掛，讓一切就這麼順暢地動了起來了。

*曾吉弘* 博士

CAVEDU 教育團隊
美國麻省理工學院電腦科學與人工智慧實驗室 (MIT CSAIL) 訪問學者

# 前言

近來，天天都能聽到人工智慧、機器學習、深度學習等方面的新聞。使用了自動翻譯、語音辨識、影像辨識的應用程式及產品也自然而然融入我們的日常生活。

就像過去只有部分人員或領域會運用到的電腦，如今已成為我們生活中不可或缺的物品般，未來這些技術也會成為如同空氣般的存在吧！對於這種現象，Alan Kay 提出了「科技是你出生之後才發明的東西。」（Technology is anything invented after you were born.）的見解。

不過，若只把這些技術當成方便的工具來運用，終將被機器取代。如同 19 世紀初的工業革命，工人發動了破壞機器的盧德運動，過度敵視機器沒有任何建設性。瞭解機器、掌握機器與人類之間的差別、機器的極限以及只有人類做得到的事情反而變得愈來愈重要。

除了純粹瞭解機器學習的結構，若還能試著動手製作，甚至寫出運用這些技術的應用程式，就可以深入理解機器學習。話雖如此，對於不熟悉電腦或程式設計的人來說，要做到並非易事。

這本書使用了積木型視覺化程式設計語言「Scratch」，大幅降低了設計程式的門檻。Scratch 的基本概念是「門檻低（容易上手），天花板高（可以很專業）、牆壁寬（能製作出各式各樣的東西）」，本書將根據這個概念，分別解說理解、製作、運用機器學習的結構。

本書的作者及監修者（石原、倉本、阿部）參與了讓兒童動手操作，學習程式設計的活動，並在研討會上說明本書介紹的機器學習內容。兒童的創意超乎大人們的想像，製作出令人驚豔的作品。從這個經驗我可以確定，除了書本之外，實際動手操作（敲敲打打），才是理解新知的捷徑。

請你一定要嘗試運用機器學習來設計程式。Cesare Pavese 說過「要瞭解世界，就必須建構它」（To know the world one must construct it.）。

2020 年 6 月 30 日
阿部和広

# 目 錄

# 關於本書

## ● 本書的目標對象

這本書是寫給有 Scratch 程式設計經驗、國小高年級以上的人。

另外，也推薦給想接觸並實際動手操作機器學習、人工智慧（AI），卻不想使用 Python 等程式設計語言的人。

## ● 準備工作

準備可以上網的電腦、瀏覽器（建議使用 Chrome）、Scratch 帳號，就能改編本書的範例程式。

電腦需要內建或連接網路攝影機以及麥克風。

網路攝影機無需具備自動對焦等功能，只要簡易版即可。

## ● 本書介紹的程式

透過以下網址可以下載、開啟本書介紹的程式。

http://books.gotop.com.tw/download/A668

使用客製化 Scratch 開啟程式時

請下載程式檔案（.sb3），然後上傳到客製化 Scratch 再讀取。上傳程式的方法請參考 P37。

使用 Scratch 開啟程式時

開啟連結後，進入 Scratch 的專案網頁，點選「切換到程式頁面」，就能開啟程式碼。

## ● 關於「使用的積木」

這裡會使用類別名稱與積木名稱顯示置入程式區域的積木（箭頭左側是類別名稱，右側是積木名稱），配色對應積木面板左側的類別顏色。

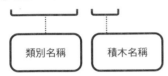

> **使用的積木**
> ● 事件→當「空白」鍵被按下
> ● 變數→建立一個變數→製作「玩家出拳」
> 　（選擇「適用於所有角色」）
> ● 變數→「玩家出拳」設為 0
> ● ML2Scratch → label

類別名稱　　積木名稱

可以輸入文字、數字或利用下拉式選單改變數值的部分會以「　」標示，並顯示積木面板上的預設值（這點會隨著操作環境而異，敬請見諒）。

## ● 注意事項

本書是根據 2020 年 6 月的資料撰寫而成，日後應用程式的畫面可能會更新，假如出現與最新版本不一致的情況，敬請見諒。

## 書中出現的角色

Kikka　　　　　　　　Shu　　　　　　　　ML-1050

Kikka 與 Shu 平常就會使用 Scratch 製作遊戲，享受寫程式的樂趣。最近開始對經常出現在新聞上的「人工智慧」、「AI」產生興趣，兩人在調查之後，知道「機器學習」是很常用的結構，於是打算請教對機器學習瞭若指掌的 ML-1050 有關機器學習的事情。

# 序章

## 10分鐘就能體驗機器學習

拿起這本書的你，一定聽過「機器學習」這個名詞。至少知道機器學習應該與 AI 或人工智慧有關係吧？通常接下來會開始說明「所謂的機器學習是…」，但是這本書把這個部分延後（在第四章介紹），請想成「機器會自行學習並做出各種判斷」，我們先花 10 分鐘體驗機器學習的代表性功能「影像辨識」，這樣你一定會覺得「機器學習真有趣！」

嗨～ML-1050 你可以簡單說明一下機器學習是什麼嗎？

 一般而言，電腦是遵照人類的命令來執行動作，例如「如果○○，就◇◇」吧？

嗯，的確是這樣。
用 Scratch 設計遊戲時也是這樣做的。

 不過使用了機器學習的技術之後，人類不用一個口令一個動作的下命令，電腦也會自行思考並做出判斷喔！

什麼！真厲害。
為什麼電腦做得到？

 其實這跟 Kikka 和 Shu 一樣。
你們經過學習，就能逐漸學會新事物，然後變聰明對吧？
我們也是從大量資料中學習而變聰明的。

欸…我們人類與你們電腦是一樣的，
太令我驚訝了！
所以才會稱作機器「學習」吧！

 沒錯，與其紙上談兵，不如先實際試試。
請把任何一個物品放在我的攝影機前面。

攝影機在你的鼻子附近對吧！
什麼東西都可以嗎？
那…這個是什麼？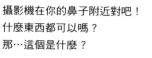

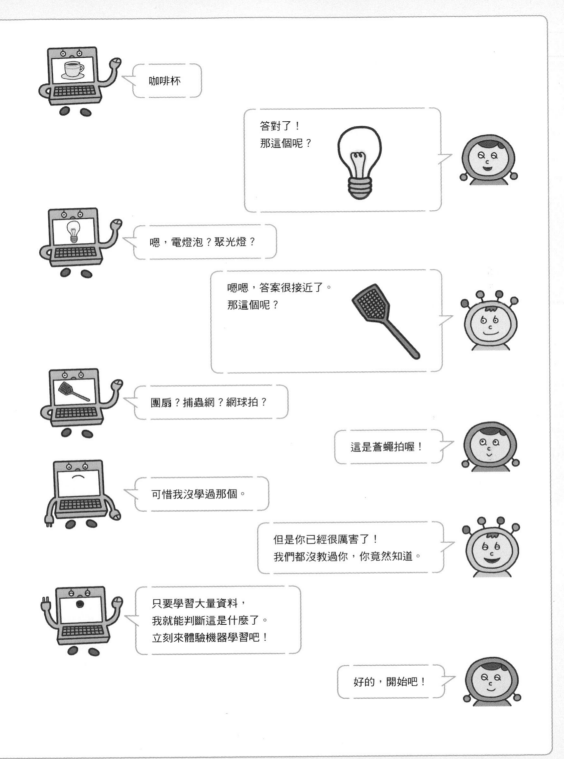

# 用ImageClassifier2Scratch
## 體驗影像辨識

近年來，機器學習的影像辨識技術有了顯著的進步，讓我們用 Scratch 實際體驗影像辨識的效果吧！

這次我們要使用作者（石原）開發的擴充功能 ImageClassifier2Scratch。辨識影像需要用到攝影機，因此必須準備內建或外接網路攝影機的電腦。

立刻來試試看吧！請用 Chrome 瀏覽器開啟可以使用 ImageClassifier2Scratch 的客製化 Scratch。

**客製化 Scratch**
https://stretch3.github.io/

這個擴充功能非 Scratch 的官方功能，必須使用客製化的 Scratch 開啟。換句話說，一般的 Scratch 無法使用此功能。

按一下「添加擴展」（左下方區塊顯示了＋號的藍色按鈕），開啟「選擇擴充功能」畫面，選擇下方的 ImageClassifier2Scratch 擴充功能。

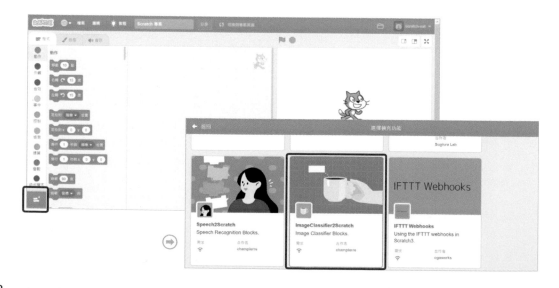

此時會開啟請求允許使用攝影機的畫面，請按下「允許」。

**補充說明**

假如按到「封鎖」，請參考 **P23**「切換攝影機的使用權限」，調整設定。請注意！倘若其他應用程式正在使用攝影機，或使用了虛擬化身或虛擬攝影機等可能無法正常執行。

在積木面板的最後會增加 ImageClassifier2Scratch 用的積木，同時舞台會顯示網路攝影機目前拍到的影像。

請勾選「candidate1～candidate3」、「confidence1～confidence3」，如右所示。

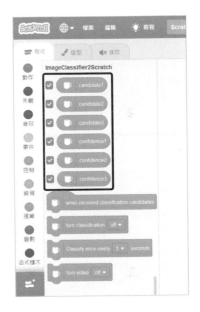

此時，舞台畫面會顯示每個值，如下所示。

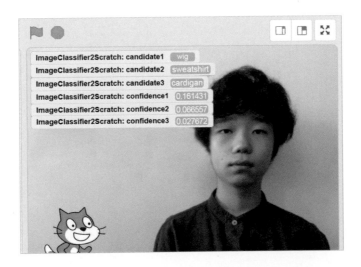

candidate1 ～ candidate3 顯示了電腦推測現在攝影機拍到的東西。confidence1 ～ confidence3 的數值為 0 到 1 之間，代表 candidate 有多少「可信度」。

上頁範例的辨識結果是 wig（假髮）的可信度是 0.16（1 是最大值，所以是 16%），接著辨識了 sweatshirt（運動 T 恤），以及 cardigan（開襟衫）。實際上電腦還計算了其他辨識結果，但是 ImageClassifier2Scratch 只依序顯示可信度較高的前三名。

電腦提供了與鏡頭中人物所穿著的服裝、以及與頭髮有關且可信度較高的答案，辨識結果還算不錯。

ImageClassifier2Scratch 擁有事先學習過各種物體的模型資料，可以從模型中選出最接近該物體的選項。答案中沒有包括「臉（face）」，可能是因為事先學習的物體中沒有該項，或是拍攝角度而無法正確辨識。辨識影像時，可能因為這些因素而無法得到 100% 正確的結果。

請試著讓貓咪用中文念出答案。首先要增加「翻譯」擴充功能。和 ImageClassifier2Scratch 一樣，按一下「添加擴展」。ImageClassifier2Scratch 的辨識結果是英文，使用擴充功能可以顯示成中文。

接著寫出以下程式。

使用的積木

● ImageClassifier2Scratch → when received classification candidates
● 外觀→說出「Hello!」持續「2」秒
● ImageClassifier2Scratch → candidate1
● 翻譯→「Hello!」翻譯成「中文（繁體）」

以下是實際執行的狀態。

當攝影機拍攝到馬克杯時，辨識為「咖啡杯」。

請試著拍攝其他物體。可惜的是，不是每一次都能辨識出正確的結果。

請先對辨識的正確性睜一隻眼，閉一隻眼，只要知道機器學習可以做到這樣就可以了。
從下一章開始，我們將一邊設計程式，一邊體驗機器學習的過程。

# 1章

## 製作猜拳遊戲

為了用機器學習辨識影像，我們要透過電腦的網路攝影機來製作猜拳遊戲。平常你要使用電腦或平板電腦玩猜拳遊戲時，必須使用鍵盤的按鍵、滑鼠或觸控板來出拳吧！不過這次我們要製作的猜拳遊戲是利用影像辨識，判斷攝影機拍到的是石頭、剪刀、還是布，而不使用滑鼠或觸控板。這一章要運用的擴充功能是「ML2Scratch」。

好有趣喔！
我們也想試試機器學習！

好啊！那你們就來設計使用了
機器學習的程式吧！

好！可是該怎麼做才能讓 ML-1050
你開始學習呢？

別擔心！你們使用過 Scratch 吧！只要
利用 Scratch，就能輕易製作出學習影
像，並能運用該學習資料的應用程式。

真的嗎？

從頭開始設計機器學習的程式比較困
難，所以這次我們要利用 Scratch 的
擴充功能。

這樣我們應該做得到！
要製作什麼應用程式呢？

來製作猜拳遊戲吧！
就像這樣，跟我猜拳。

OK！剪刀、石頭、…

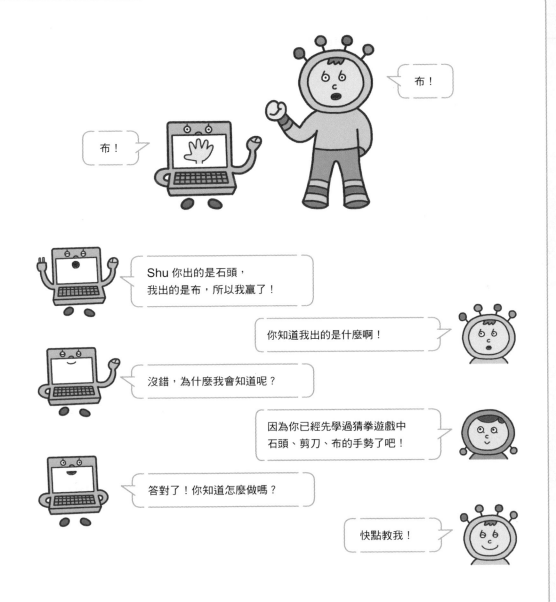

這一章要利用影像辨識，判斷攝影機拍到的是石頭、剪刀、還是布，製作猜拳遊戲，瞭解機器學習的過程。

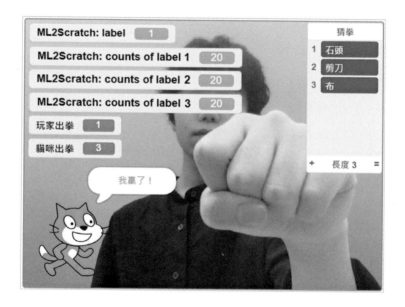

如果要在 Scratch 使用機器學習辨識影像，可以利用 ML2Scratch（Machine Learning to Scratch）擴充功能。這不是 Scratch 的標準擴充功能，必須使用特別客製化的 Scratch。換句話說，一般的 Scratch 無法使用這個功能。

影像辨識要用到攝影機，因此必須準備內建或外接網路攝影機的電腦，大部分的筆記型電腦或平板電腦應該都有內建攝影機。假如電腦沒有內建攝影機，請另外準備。由於不需要用到自動對焦、廣角鏡頭、麥克風特效等功能，因此只要準備低畫素的平價攝影機即可。

### ▶ 準備瀏覽器

使用 ML2Scratch 時，建議選擇 Chrome 瀏覽器，尚未使用 Chrome 的人請先安裝完畢。

假如已經使用了 Chrome，並在 Chrome 安裝擴充功能，可能會讓攝影機或機器學習的函式庫無法正常運作。為了避免這一點，建議以關閉擴充功能的訪客模式開啟 Chrome。按一下畫面右上方的名稱或使用者圖示，選擇「訪客」，開啟訪客模式視窗。

使用 Chrome 瀏覽器開啟，可以利用 ML2Scratch 的客製化 Scratch。

**客製化 Scratch**
https://stretch3.github.io/

開啟和一般 Scratch 一樣的畫面，按一下「添加擴展」（左下方有＋號的藍色按鈕），開啟「選擇擴充功能」畫面，就會看到最上面的 ML2Scratch 擴充功能，請選取該功能。

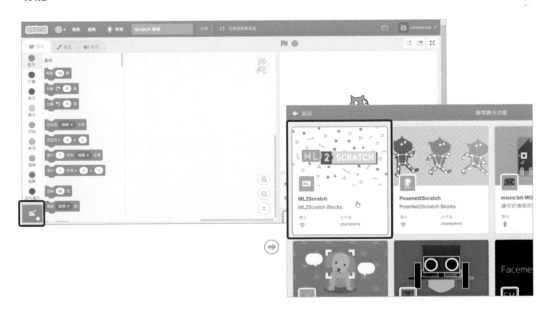

開啟要求允許使用攝影機的畫面,按下
「允許」。

這樣就能選用 ML2Scratch 的積木(淺綠色積木),而且舞台畫面會顯示攝影機拍攝到
的影像(假如封鎖了攝影機的使用權限,或要切換平板電腦上的前後置鏡頭時,請參考
下一頁「切換攝影機的使用權限」)。

這樣就完成建立影像辨識專案的準備工作。

### ▶ 切換攝影機的使用權限

以下要介紹不小心封鎖了攝影機的使用權限，以及必須切換平板電腦的前置／後置鏡頭，還有切換外接 USB 攝影機的操作方法（切換麥克風的使用權限也是按照相同步驟進行）。

＊注：請注意！其他應用程式正在使用攝影機，或使用虛擬化身、虛擬攝影機時，可能無法正常運作。

假如封鎖了使用攝影機的權限，在網址列右邊的攝影機圖示會加上「×（打叉）」符號，如下所示。

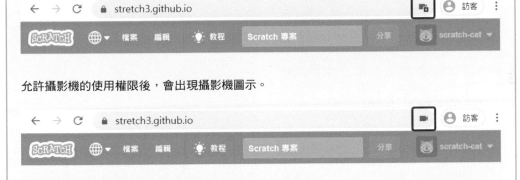

允許攝影機的使用權限後，會出現攝影機圖示。

按一下攝影機圖示，會開啟與攝影機權限有關的選單。按一下左下方的「管理」，開啟 Chrome 設定畫面的攝影機項目。

這個畫面可以切換多個攝影機，或管理或封鎖各個網站的使用權限。假如不小心封鎖了攝影機的使用權限，請選擇「一律允許 https://stretch3.github.io/ 存取你的攝影機」。改變了設定之後，請重新整理瀏覽器，套用設定。

＊注：安裝 Chrome 之後，首次開啟攝影機時，可能會出現 OS 的警告畫面。即使出現這種畫面，也請允許使用攝影機。

此外，使用 Chrome 的訪客模式（P21）時，按下「管理」按鈕，不會顯示攝影機的設定畫面。假如有多個網路攝影機需要切換，請使用一般模式而非訪客模式。

準備取得機器學習辨識結果的標籤。在 ML2Scratch 類別，勾選「label」、「counts of label 1」、「counts of label 2」、「counts of label 3」的核取方塊，這些變數就會顯示在舞台上。請先將舞台上的貓咪移動到左下角，避免造成干擾。

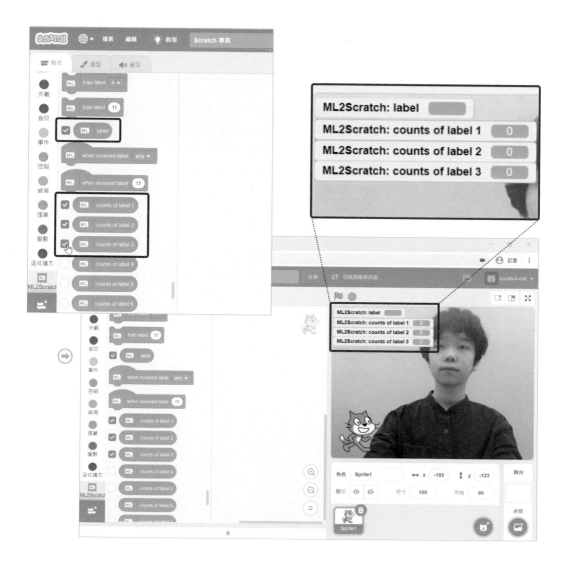

接下來要讓機器記住石頭、剪刀、布的形狀。讓機器（電腦）檢視各種猜拳手勢的影像，就可以展開學習，這點與人類的學習方式很像吧！

首先對著攝影機的鏡頭比出猜拳時的石頭手勢，讓石頭手勢占滿整個畫面，然後按一下拖曳到程式區域的「train label 1」積木。

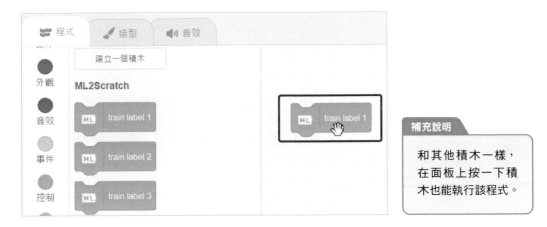

畫面上會出現「The first training will take a while, so do not click again and again.」，請按下「確定」鈕，然後按照指示等待一會。

此時，舞台上的「counts of label 1」數值會變成 1，「counts of label 1」是指當成「label 1」來記憶的影像張數。

「train label 1」代表在攝影機拍攝的影像加上標籤「1」。換句話說，這是向機器下達「記住這是1」（石頭影像）的指令。

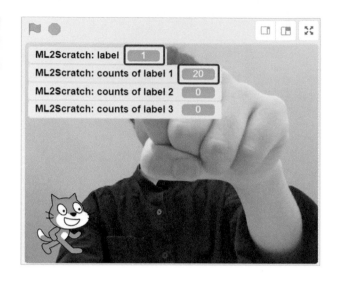

持續按下「train label 1」，直到「counts of label 1」的數值變成 20。請一邊改變角度或位置，一邊拍攝，讓攝影機拍到的石頭影像都不太一樣。利用不同類型進行學習才能因應各種出（顯示）石頭的手勢。

不小心按太多次「train label 1」積木，使得「counts of label 1」的數值變成 21 ～ 22 也沒關係，不需要拘泥於 20，只要是 20 左右就可以了。

拍攝了 20 張石頭影像之後，接著要學習剪刀手勢。

讓猜拳的剪刀手勢占滿整個拍攝畫面，然後按一下「train label 2」積木，「counts of label 2」的數值就會增加。

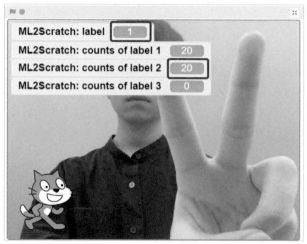

持續按下「train label 2」積木，直到「counts of label 2」的數值變成 20。和拍攝石頭手勢時一樣，請一邊改變剪刀手勢的角度與位置，一邊拍攝。

當「counts of label 2」的數值也顯示為 20 時，再學習布手勢。

讓猜拳的布手勢占滿整個攝影機的拍攝畫面，然後按一下「train label 3」積木，「counts of label 3」的數值就會增加。

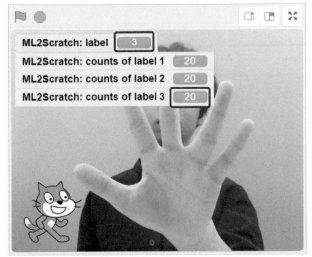

持續按下「train label 3」積木，直到「counts of label 3」的數值變成 20。和石頭及剪刀一樣，一邊改變布手勢的位置，一邊拍攝。

以上就完成石頭、剪刀、布等所有猜拳手勢的學習，這個步驟稱作「建立分類模型」。

接著來驗收學習成果吧！

在鏡頭前比出石頭、剪刀、布任何一個手勢。右邊的例子是比出剪刀。此時，「label」積木的值顯示為 2，因為我們已經在剪刀影像加上標籤「2」，並讓機器學習過了。

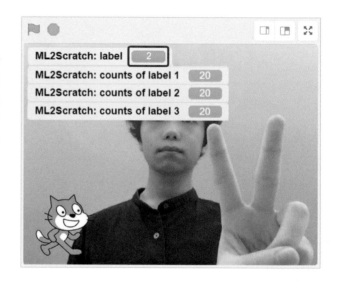

請分別在攝影機前比出石頭、布等其他手勢。當比出石頭時，對應的標籤是 1，若是剪刀，對應的標籤是 2，而布對應的標籤是 3。

就算不是百分之百準確，辨識結果也大致正確吧？

機器對於未曾學習過的新影像也能根據學習資料，推測出最接近的標籤，並顯示該標籤的號碼，這種行為稱作「辨識」。

### ▶ 無法正確辨識影像時

即使學習了石頭、剪刀、布的影像，仍無法正確辨識時，可能有幾個原因，以下列舉了幾個常見的例子。

- 背景中有其他物體比較醒目，使得電腦學習了該物體的特徵。這種情況請盡量用單色背景來學習猜拳的手勢。

- 攝影機拍到的手勢太小。此時，電腦可能注意到背景中的其他物體。請盡量讓手靠近鏡頭，拍攝較大的畫面。

- 只學習了相同大小、角度的手部影像。如此一來，只要稍微改變了位置，就無法做出正確判斷。請在學習時，一點一點改變手的大小及角度，增加學習類型。

當無法正確辨識時，可以按一下「reset label:『all』」積木，刪除學習資料，重新學習。

按下「reset label:『all』」積木，會重置所有學習資料，每個標籤的數值變成 0。先前學習過的資料都會消失，請根據上述幾個注意事項，重新展開學習。

雖然可以判斷石頭與布，卻無法正確辨識剪刀，遇到這種情況，可以按下「all」，選取代表剪刀的標籤「2」，變成「reset label:『2』」之後，再按一下。

此時只會重置剪刀的學習資料，之後只要重新學習剪刀影像即可。

ML 2 Scratch 不用事先訂出規則，只要顯示多張影像，就能展開學習，看似靈活又聰明卻非萬能。假如無法順利辨識，請推測學習失敗的原因，調整拍攝方法，視狀況重新學習。經過反覆嘗試之後，一定可以抓到訣竅。

## 1-4　用 Scratch 設計猜拳遊戲

我們已經完成影像辨識，接下來要利用這些資料來製作猜拳遊戲。

這次將以 Scratch Cat（貓咪）為對象來製作猜拳遊戲。利用攝影機辨識自己出了什麼，而貓咪的部分則是隨機決定。按下空白鍵時，辨識出拳結果，判斷誰勝誰負。請根據以下步驟組合積木，更改文字。

### 1 顯示規則

點擊綠旗時，由貓咪説明遊戲規則，然後改變外觀類別「説出『Hello!』持續『2』秒」積木的內容。

**使用的積木**

● 事件→當綠旗被點擊
● 外觀→説出「Hello!」持續「2」秒

### 2 辨識玩家出拳，顯示標籤編號

準備「玩家出拳」當作變數，按下空白鍵時，在變數內輸入攝影機拍到的結果所對應的標籤編號。請使用「適用於所有角色」建立變數。

**使用的積木**

● 事件→當空白鍵被按下
● 變數→建立一個變數→
　建立「玩家出拳」
　（選擇「適用於所有角色」）
● 變數→「玩家出拳」設為「0」
● ML2Scratch → label

**3** 貓咪隨機出拳，判斷勝負

以「適用於所有角色」建立一個名稱為「貓咪出拳」的變數，按下空白鍵之後，在「貓咪出拳」輸入 1 到 3 的亂數。

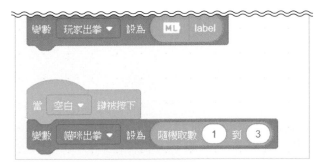

**使用的積木**

- ● 事件→當空白鍵被按下
- ● 變數→建立一個變數→
  建立「貓咪出拳」
  （選擇「適用於所有角色」）
- ● 變數→「貓咪出拳」設為「0」
- ● 運算→隨機取數「1」到「10」

以「適用於所有角色」建立一個「猜拳」清單，依序加入「石頭」、「剪刀」、「布」。這樣利用「『猜拳』的『貓咪出拳』編號」積木，就能呼叫「石頭」到「布」其中一種手勢。

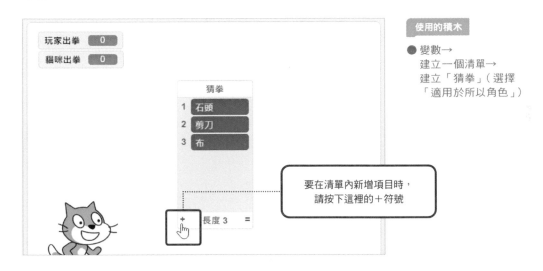

**使用的積木**

- ● 變數→
  建立一個清單→
  建立「猜拳」（選擇
  「適用於所以角色」）

要在清單內新增項目時，請按下這裡的＋符號

按照以下方式連結積木，說出貓咪出了什麼拳，時間持續 2 秒。

**使用的積木**

- ● 外觀→說出「Hello!」持續「2」秒
- ● 變數→「猜拳」的第「1」項
- ● 變數→貓咪出拳

請按照以下方式組合積木。利用「『猜拳』的第『玩家出拳』項」積木，可以讓貓咪說出玩家出了什麼拳。

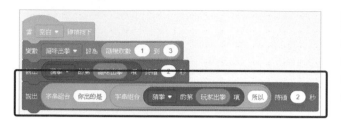

**使用的積木**

● 外觀→說出「Hello!」持續「2」秒
● 運算→字串組合「apple」「banana」
● 變數→「猜拳」的第「1」項
● 變數→玩家出拳

完成了貓咪出拳與玩家出拳之後，接著要製作判斷猜拳勝負的部分。貓咪出石頭（1），而玩家出剪刀（2）時，貓咪獲勝。此時，貓咪會說「我贏了！」。

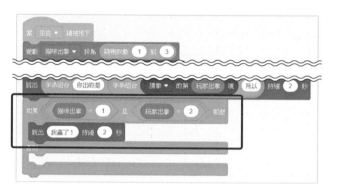

**使用的積木**

● 控制→如果「…」那麼／否則
● 運算→「…」且「…」
● 運算→「…」＝「50」
● 變數→貓咪出拳
● 變數→玩家出拳
● 外觀→說出「Hello!」持續「2」秒

貓咪獲勝的類型還包括，貓咪出剪刀（2）而玩家出布（3），還有貓咪出布（3）而玩家出拳頭（1），程式如下所示。

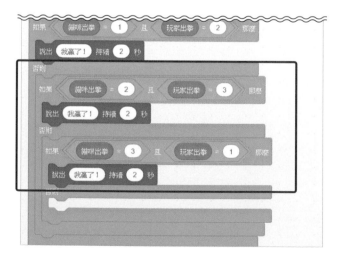

**使用的積木**

● 控制→如果「…」那麼／否則
● 運算→「…」且「…」
● 運算→「…」＝「50」
● 變數→貓咪出拳
● 變數→玩家出拳
● 外觀→說出「Hello!」持續「2」秒

接下來要思考玩家獲勝的類型。

玩家獲勝的情況包括貓咪出石頭（1）而玩家出布（3）、貓出剪刀（2）而玩家出布（1）、還有貓出布（3），玩家出剪刀（2）等。

玩家獲勝時，由貓咪說出「你贏了！」。

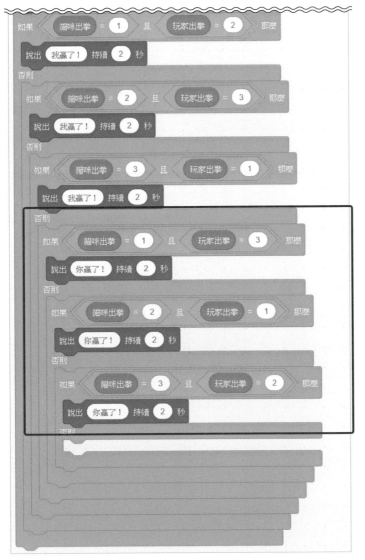

**使用的積木**

● 控制→如果「…」
　那麼／否則
● 運算→「…」且「…」
● 運算→「…」＝「50」
● 變數→貓咪出拳
● 變數→玩家出拳
● 外觀→說出「Hello!」
　持續「2」秒

**補充說明**

假如要再次使用相同積木群組，請利用右鍵選單執行「複製」命令，或在程式區域選取該積木，再執行拷貝（Ctrl+C）＆貼上（Ctrl+V）即可。

假如貓咪與玩家都沒有贏，代表平手。在最後的「否則」積木插入「説出『平手』持續『2』秒」積木，這樣就完成判斷猜拳的部分了。

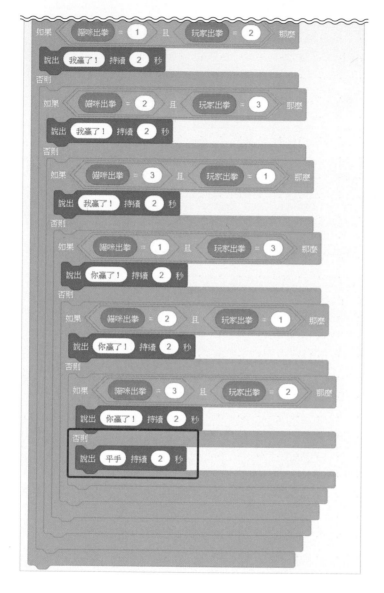

使用的積木

● 外觀→説出「Hello!」
　持續「2」秒

完整的程式如下所示。

● **完成的程式**

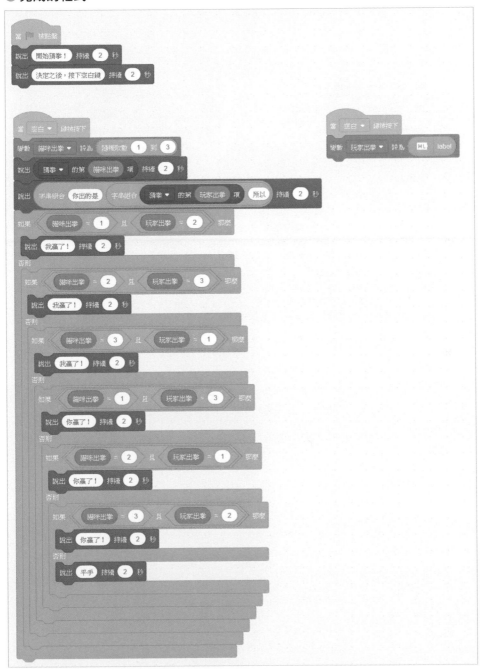

請實際試試看！按下綠旗，啟動程式。

讓攝影機拍攝你出了什麼拳，決定之後，按下空白鍵。以下範例是貓咪出布（3），玩家出石頭（1），結果貓咪獲勝，因此顯示「我贏了！」。

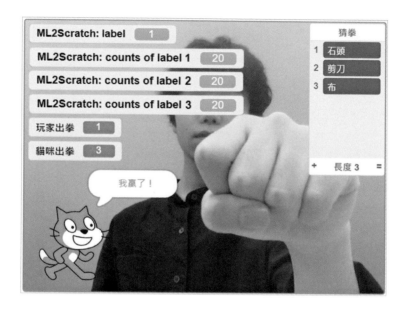

## ▶ 下載或上傳專案

本書使用的客製化 Scratch 無法和一般 Scratch 一樣，自動將程式儲存在伺服器。假如之後想再使用該檔案，請執行「檔案→下載到你的電腦」命令，在個人電腦儲存成 .sb3 檔案。

假如想再次開啟已經儲存的程式，請執行「檔案→從你的電腦挑選」命令，選取剛才儲存的 .sb3 檔案。

這樣就可以使用製作完成的程式，或本書提供的範例檔案。請注意！雖然範例檔案的副檔名同樣是（.sb3），卻無法從 Scratch 官網載入該檔案。

在使用了 ML2Scratch 的狀態下，可以上傳事先儲存的學習資料。關於上傳／下載學習資料的說明請參考下一頁。

ML2Scratch 可以使用「download learning data」積木，下載學習過的分類模型，儲存在個人電腦上。

按一下積木，設定下載檔案的位置，然後按下「確定」鈕，就會把學習資料儲存成「< 數列 >.json」檔案。存檔之前，還可以把檔案名稱改成比較容易記住的名字。

利用「upload learning data」也可以上傳存檔後的學習資料。

按一下這個積木，開啟「upload learning data」視窗，接著按下「選擇檔案」鈕，再按下「upload」鈕。請注意，這個動作會覆寫到目前為止學習過的資料。

假設我們建立了自己的臉孔為標籤 1，朋友的臉孔為標籤 2 的學習資料。下載此分類模型檔案，然後拷貝至其他電腦，再開啟 ML2Scratch，上傳分類模型檔案，那台電腦就能分類你和朋友的臉孔。

儲存在電腦上的學習資料會存成 json 檔，使用文字編輯器開啟，即可瀏覽內容。檢視內容，你就會發現，這些資料是由大量數值排列而成。

不過儲存在檔案內的數值是分類用的資料，所以無法使用這些數值重現你或朋友的臉孔。

隨著人工智慧（AI）與機器學習逐漸運用在我們的生活之中，也衍生出分類模型的資料究竟該如何處理的課題。

# 即使影像張數少，仍能辨識影像的原因

想利用機器學習辨識影像，通常需要學習 1,000 張，甚至是 10,000 張的大量影像。可是 ML2Scratch 只學習約 10 〜 20 張的少量影像，就能以一定的準確度辨識影像，

因為裡面使用了遷移學習。這是以學習完畢的模型為基礎，進行學習的技術。

ML2Scratch 把名為 MobileNet 的模型當作基礎。MobileNet 是容量小、能有效辨識影像、已經學習完畢的模型，也是用來訓練 ImageClassifier 2 Scratch 說出各種事物名稱的模型。

比起從頭開始學習，從對事物已有一定瞭解的狀態開始學習，可以節省學習時間。

增加了 ML2Scratch 擴充功能之後，會從伺服器下載 MobileNet 到瀏覽器。在 Chrome 選單執行「更多工具→開發人員工具」命令，開啟開發人員工具，選擇「Network」標籤，可以觀察瀏覽器與伺服器之間的網路狀態。在「添加擴展」畫面選取「ML2Scratch」，新增 ML2Scratch 之後，會從以下網址下載 group1-shard1of1、group2-shard1of1 檔案，如下圖所示。

> https://storage.googleapis.com/tfjs-models/tfjs/
> mobilenet_v1_0.25_224

從這些檔案名稱中的 shard（英文的意思是碎片）就能瞭解，這是把 MobileNet 分成小部分的結果。

# 2 章

## 製作分辨聲音的數位寵物

只聽聲音，你可以知道對方是誰嗎？我想你應該能輕易分辨親朋好友的聲音吧！這次我們要使用機器學習的語音辨識及分類結構，製作出可以分辨聲音並給予回應的數位寵物。完成當家人或朋友說「你好」時，可以回應對方「〇〇你好」的功能。這一章要使用「Teachable Machine」工具以及「TM2Scratch」擴充功能。

沒想到這麼簡單就能製作出機器學習的應用程式，真開心！

對吧！
你想再嘗試其他方面嗎？

當然！我想試試其他功能。

機器學習處理的資料可不只影像而已喔！
比方說，也可以處理聲音。

學習各種聲音之後，
就能分辨出是什麼聲音嗎？

沒錯！學習了 Kikka 和 Shu 的聲音之後，
就可以分辨，並分別給予不同回應喔！

簡直就像是寵物，數位寵物。

你們真聰明！
這次要試著製作出數位寵物。
好的，出來吧～

哇！好可愛喔～！

## 2-1 使用Teachable Machine 的機器學習

Teachable Machine 是 Google 提供的線上機器學習工具。只要準備好連接了網際網路的電腦、網路瀏覽器、網路攝影機,任何人都可以輕易在瀏覽器上體驗如何製作分類模型。利用 Google 發布的 JavaScrip 機器學習函式庫 TensorFlow.js 即可執行。撰寫本書時,Teachable Machine 已經提供了影像、聲音、動作(姿勢)等三種機器學習環境,請點選以下網址。

Teachable Machine [*]
https://teachablemachine.withgoogle.com/

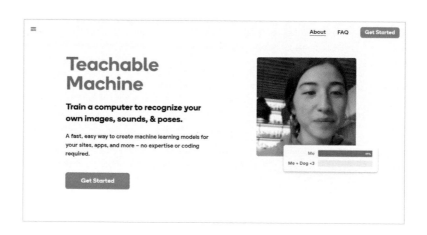

透過「What is Teachable Machine?」下方的影片,就可以瞭解 Teachable Machine 究竟是什麼。

按下「Get Started」鈕,會從首頁進入建立機器學習專案的畫面。

# 2-2 Teachable Machine 與 TM2Scratch 的用法

這一章要使用 2-1 説明過的 Teachable Machine，製作分類模型，再結合 Teachable Machine 與 Scratch 的擴充功能「TM2Scratch」*來寫程式。

第一章使用的 ML2Scratch 是在 ML2Scratch 同時進行製作分類模型與寫程式的工作。

使用 Teachable Machine 與 TM2Scratch 製作機器學習的程式時，分類模型會儲存在 Google 的伺服器上，優點是不用下載分類模型就能儲存，而且使用未進行學習的電腦，也能存取該分類模型。例如，我們可以使用朋友製作的分類模型，在自己的電腦上寫程式（反之亦然）。

## ● ML2Scratch 與 TM2Scratch 的差別

|  | ML2Scratch | TM2Scratch |
| --- | --- | --- |
| 儲存分類模型的位置 | 在 Scratch 內（本機的記憶體上） | 雲端 |
| 支援學習功能 | 影像辨識 | 影像辨識、語音辨識、姿態辨識 |
| 使用情境 | Scratch 可以同時製作分類模型與程式設計，能輕易修改分類模型，並執行該程式，還可以學習、辨識 Scratch 的舞台畫面，完成辨識手寫文字的專案 | 由於分類模型儲存在雲端，其他電腦可以使用相同模型來寫程式，或輕易與他人分享分類模型 |

接著我們要實際設計簡單的影像辨識程式，説明 Teachable Machine 與 TM2Scratch 的用法。

＊注：原始碼請參考 https://github.com/champierre/tm2scratch

讓電腦學習影像並製作分類模型都是在 Teachable Machine 執行。

使用瀏覽器開啟 Teachable Machine，按下「Get Started」鈕。此時會進入選擇「Image Project」、「Audio Project」、「Pose Project」 的 畫 面，如下所示。 請選擇「Image Project」。

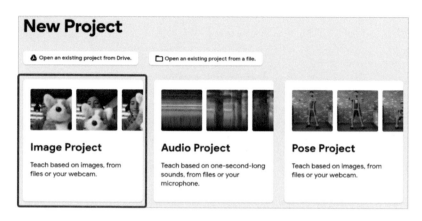

在 Teachable Machine 的網站上，按照每個標籤學習影像，製作分類模型，並且測試能否順利分類。學習畫面分成以下三個區塊。

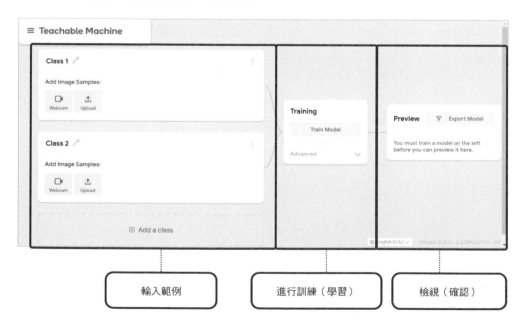

接下來要說明的範例會學習兩種狀態，包括一般狀態及舉起右手的狀態。

首先是學習「一般」狀態。按下左上方「Class 1」標籤名稱右邊的編輯鈕（鉛筆圖示），把標籤名稱更改成「一般」，這次要學習沒有舉手的「一般」狀態。

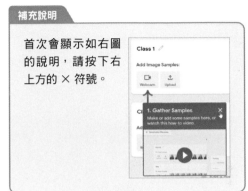

補充說明

首次會顯示如右圖的說明，請按下右上方的 × 符號。

學習影像有兩種方法，包括用網路攝影機直接拍攝，或載入已經拍攝或製作好的影像。

這次我們要使用網路攝影機直接拍攝。請按下標籤名稱下方的「Webcam」鈕。初次使用時，會出現是否允許這個網站使用網路攝影機的畫面，請按下「允許」鈕。

允許之後，會顯示攝影機的預視畫面，下方出現「Hold to Record」鈕，按下之後，請拍攝一般狀態。按住按鈕時，會連續攝影。

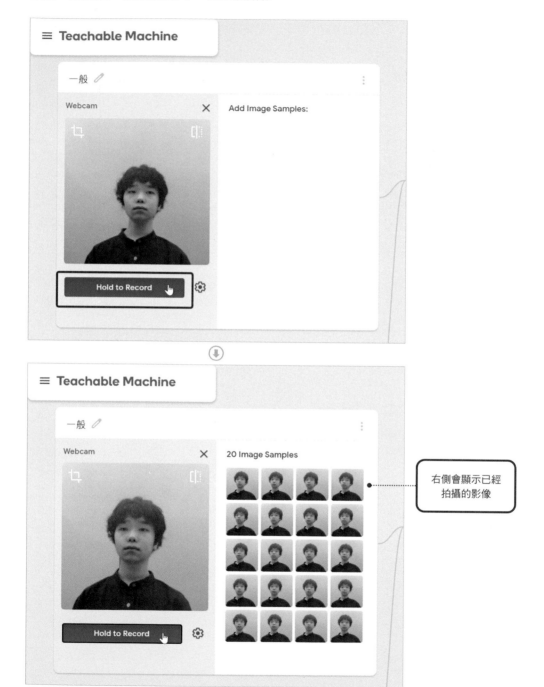

右側會顯示已經拍攝的影像

拍攝的影像會顯示在右側，大概拍攝 20 張影像。此時，請別完全靜止不動，稍微移動身體或改變臉部的方向，就可以讓機器學習在「一般」狀態下仍帶有變化的資料。

接著把「Class 2」標籤名稱改成「舉起右手」，同樣拍攝 20 張影像。

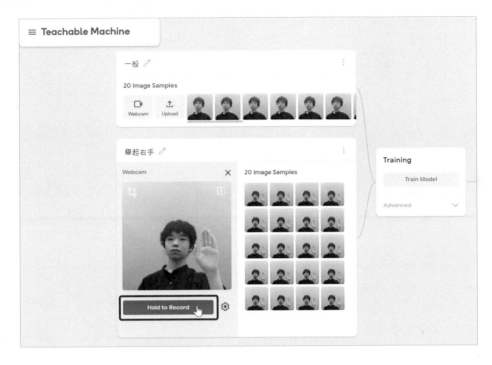

「一般」與「舉起右手」的影像拍攝完畢後，按下中央「Training」區塊的「Train Model」鈕。

**補充說明**

首次會顯示如右圖的說明，請按下右上方的 × 符號。

經過一段時間學習完畢，並啟動右邊的「Preview」畫面。

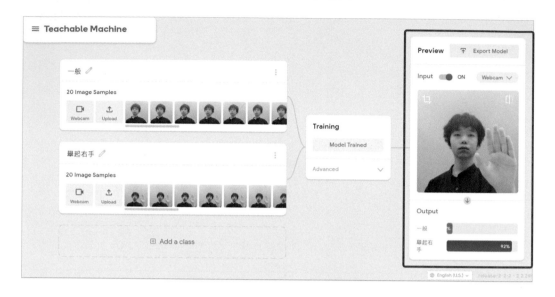

在「Preview」畫面可以實際確認機器學習是否順利完成。這裡會辨識攝影機拍到的影像是「一般」還是「舉起右手」，然後在下方的 Output 區域顯示圖表。請試著舉起或放下右手，若對應標籤的圖表往前延伸，代表學習成功。

倘若辨識失敗，請確認有沒有不適合的影像。將滑鼠游標移動到該影像上，按下「delete（垃圾桶圖示）」鈕即可刪除影像。如果影像的張數不足，請重新拍攝。

**補充說明**

首次會顯示如下圖的說明，請按下右上方的 × 符號。

利用預視畫面確認可以順利分類後,再按下「Export Model」鈕。

在「Export your model to use it in projects.」視窗按下「Upload my model」鈕,把製作好的分類模型上傳到雲端。

請按一下旁邊的「Copy」鈕(四角形圖示的位置),拷貝顯示在「Your sharable link:」的連結。

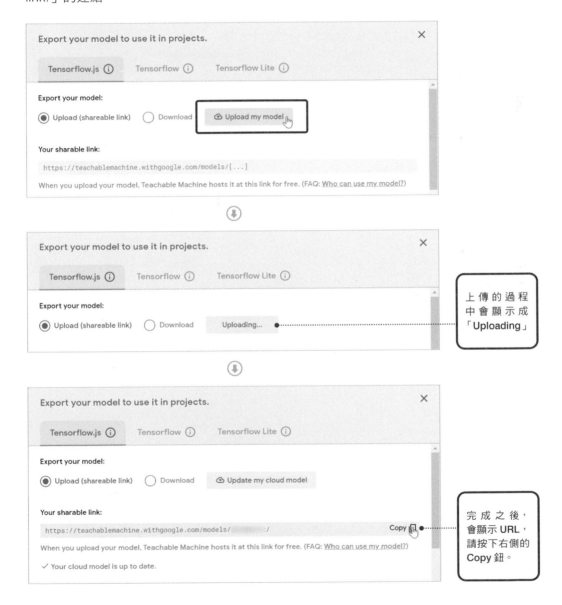

右側邊欄文字:

2章

語音辨識篇 — 製作分辨聲音的數位寵物

圖中說明框:

上傳的過程中會顯示成「**Uploading**」

完成之後,會顯示 URL,請按下右側的 Copy 鈕。

透過客製化 Scratch 才能使用 TM2Scratch，瀏覽器建議選擇 Chrome。

在 Chrome 的網址列輸入以下網址，開啟客製化 Scratch。

---

**客製化 Scratch**
https://stretch3.github.io/

---

按一下「添加擴展」（左下方積木含有＋號的藍色按鈕），開啟「選擇擴充功能」畫面，在「選擇擴充功能」畫面中，選取下面的 TM2Scratch 擴充功能。

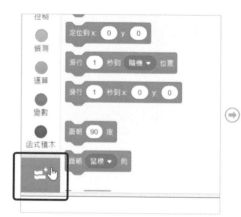 

這樣就會新增 TM2Scratch 用的積木。

## 4 使用 TM2Scratch 寫程式

把 TM2Scratch 的「image classification model URL」積木拖放至程式區域，然後貼上剛才拷貝的連結。

**使用的積木**

● TM2Scratch →
　image classification model URL

按一下「image classification model URL」積木，開始從雲端下載分類模型。載入分類模型需要花一點時間，過程中積木會被黃色外框包圍。完成之後，只要按下「When received image label:」的「any」旁▼圖示，就可以選擇分類模型的標籤（「一般」與「舉起右手」）。

**使用的積木**

● TM2Scratch →
　When received image label:「any」

接著要製作舉起右手時，貓咪會說出「你好！」的程式。結果如下所示。

● **完成的程式**

使用的積木

● 事件→當綠旗被點擊
● 外觀→說出「Hello!」持續「2」秒

## 2-3 用Teachable Machine 學習聲音

習慣了 Teachable Machine 和 TM2Scratch 的用法之後，接著開始製作數位寵物。我們要設計判斷發話者的聲音，並說出對方名字的程式。

你好！

太郎你好♪

如果要學習聲音，請在左上方的選單（三條線的部分）執行「New Project」命令，然後點選正中央的「Audio Project」。

如下所圖所示，左邊會垂直排列幾個面板。最初只有兩個面板，由上往下依序是 Background Noise 及 Class 2，只要按下「Add a class」，就可以增加新的面板，能辨識多重聲音。

## 1 錄製背景音

首先學習無聲狀態，亦即沒有背景噪音的狀態。在 Background Noise 的 Class 錄製周圍環境的聲音，不包含要辨識的聲音。通常在安靜的室內、室外、教室內仍會錄到「嗡嗡」的聲音，這種聲音沒有關係。

按下 Background Noise 內的「Mic」鈕，開啟請求允許使用麥克風的畫面，請按下「允許」。

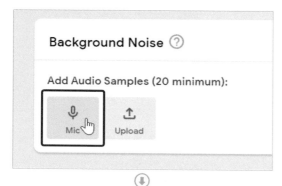

按下「Record 20 Seconds」鈕，開始錄音。錄製背景音需要 20 秒的時間，請在按下按鈕後，安靜地等待片刻。假如中途出現其他聲音，之後也可以刪除，請別擔心，繼續執行。

完成錄音後，按下「Extract Sample」，在右側新增聲音樣本。

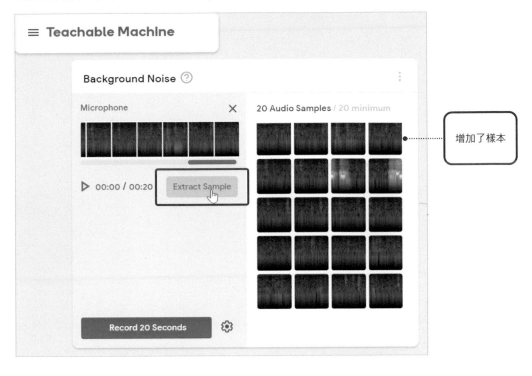

增加了樣本

**補充說明**

按下▷圖示，可以聽取錄製的聲音。

錄製的 20 秒聲音會以 1 秒為單位進行分割，在右側儲存成 20 個樣本。Background Noise 最少需要 20 個樣本。上面的範例有 2 個樣本含有亮色部分，這是因為我在錄音的過程中，清了 2 次嗓子。顏色的亮度代表聲音的強弱，明亮的部分表示出現了明顯的聲音。

這次是以背景音（無聲狀態）當作樣本，所以必須刪除含有亮色部分的樣本。將游標移動到想刪除的樣本上，就會出現垃圾桶圖示，按一下該圖示即可刪除樣本。

如此一來，樣本數量變成 18 個，因此再次按下「Extract Sample」鈕，新增樣本。和剛才一樣，刪除含有明顯聲音的 2 個樣本，最後增加成 36 個樣本。

**2** 錄製「你好」

接下來要製作實際辨識的聲音。這次將分別錄製由家人及朋友等人說出「你好」的聲音。

首先在 Class 2 錄製你說「你好」的聲音。請把 Class 更改成比較適合的名稱（這個範例是改成「我的聲音」）。按下「Mic」鈕，再按下「Record 2 Seconds」鈕，開始錄音。此時，錄音時間是 2 秒，因此按下按鈕後，說一次「你好」即可。

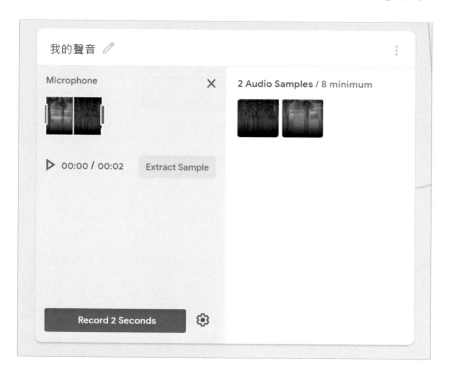

補充說明

如果要更改 **Class** 名稱，請按一下標籤名稱旁邊的鉛筆圖示。

和剛才的 Background Noise 一樣，錄音之後，按下「Extract Sample」鈕，在右側增加樣本。左側的 2 個樣本含有明亮部分，代表清楚錄到聲音。和 Background Noise 不同，每個 Class 必須清楚錄到想辨識的聲音，因此刪除不含明亮部分的樣本。辨識音的錄製步驟與背景音不同，必須反覆按下「Record 2 Seconds」及「Extract Sample」鈕，增加錄音的樣本。每個 Class 的樣本數量至少要 8 個。

完成一個人的錄音後，按下面的「Add a class」鈕，建立第 3 個 Class，使用相同方法，錄製其他人説「你好」的聲音（這個範例錄製了「媽媽的聲音」）。完成 2 個人的錄音狀態如下所示。

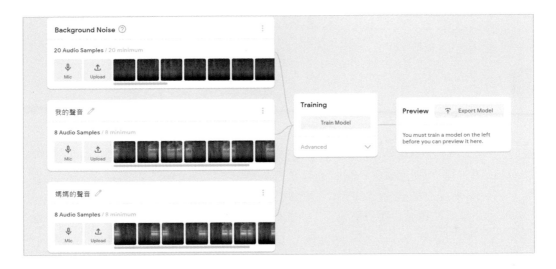

**3** 學習錄製的聲音

完成所有想辨識的聲音後，按下 Training 內的「Train Model」鈕，學習這些樣本。

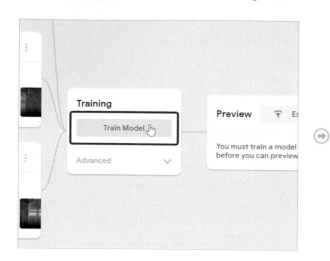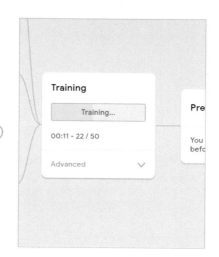

過了一會之後，學習完畢，會在最右邊的 Preview 面板顯示辨識圖表。請朝著麥克風說話，測試看看是否正確完成學習（右圖的第 3 個 Class「媽媽的聲音」圖表比較突出，代表辨識為媽媽的聲音）。

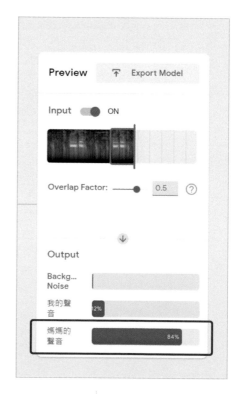

如果沒有辨識成功，請刪除其他 Class 內無聲部分（沒有明亮色的部分）較多的樣本，Background Noise 除外，這樣應該能獲得改善。或者也可以試著增加樣本數量，嘗試其他不同的解決方法。

請先儲存製作的專案。開啟左上方顯示為三條線的選單，將檔案儲存在 Google 雲端（Save project to Drive），或自己的電腦（Download project as file）。若要開啟檔案，請利用這個選單載入專案。

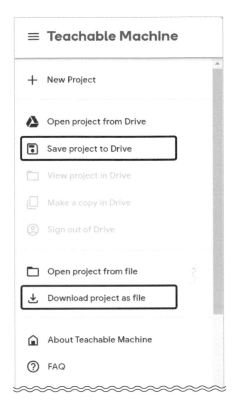

在 Preview 確認能順利辨識聲音之後，把 Teachable Machine 的分類模型上傳到網路上，與 Scratch 連結。

首先上傳分類模型。按下 Preview 面板的「Export Model」鈕，開啟如下圖所示的視窗。

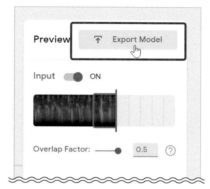

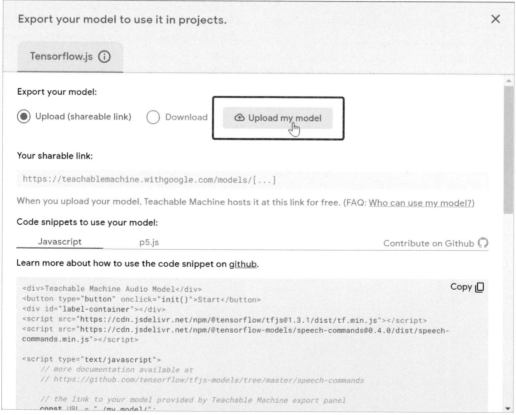

Export your model to use it in projects.　　　　　　　✕

Tensorflow.js ⓘ

**Export your model:**

◉ Upload (shareable link)　◯ Download　　☁ Upload my model

**Your sharable link:**

https://teachablemachine.withgoogle.com/models/[...]

When you upload your model, Teachable Machine hosts it at this link for free. (FAQ: Who can use my model?)

**Code snippets to use your model:**

Javascript　　　　　p5.js　　　　　　　　　　Contribute on Github ⓞ

Learn more about how to use the code snippet on github.

Copy ⎘
```
<div>Teachable Machine Audio Model</div>
<button type="button" onclick="init()">Start</button>
<div id="label-container"></div>
<script src="https://cdn.jsdelivr.net/npm/@tensorflow/tfjs@1.3.1/dist/tf.min.js"></script>
<script src="https://cdn.jsdelivr.net/npm/@tensorflow-models/speech-commands@0.4.0/dist/speech-
commands.min.js"></script>

<script type="text/javascript">
    // more documentation available at
    // https://github.com/tensorflow/tfjs-models/tree/master/speech-commands

    // the link to your model provided by Teachable Machine export panel
    const URL = " /my_model/";
```

選取「Upload（shareable link）」，再按下「Upload my model」。此時會出現「Uploading…」訊息，需要花一點時間上傳，完成之後，更新「Your sharable link:」欄位內的 URL 變成可選取狀態。按下 URL 右邊的「Copy」，先將連結拷貝起來（請參考 P51 的畫面）。

接著點選以下網址，開啟客製化 Scratch。載入 TM2Scratch 擴充功能的方法請參考 2-2 的 ❸（P52）。

**客製化 Scratch**
https://stretch3.github.io/

辨識影像用的 Video 為開啟狀態時，會在舞台顯示影像，不過這裡不會用到，因此按一下「turn video 『off』」，先隱藏 video。

一開始先載入要成為數位寵物的角色。只要看起來像寵物，任何一個角色都可以。為了能輕易顯示張嘴説話的狀態，這次在「動物」類別中選擇了「Chick（小雞）」。

這次不使用一開始就顯示在舞台上的貓咪，請選取該角色，然後按下右上方的「刪除（垃圾桶圖示）」鈕，刪除該角色。

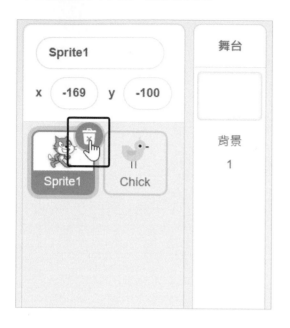

在程式新增小雞角色，接著組合以下積木，載入在 Teachable Machine 共享的分類模型。在「sound classification model URL」貼上剛才在 Teachable Machine 上傳的分類模型 URL（P63 拷貝的 URL）。初次載入需要花一點時間，在載入的過程中，積木會被黃色外框包圍。

使用的積木

● 事件→當綠旗被點擊
● TM2Scratch → sound classification
　model URL

按下綠旗執行之後，會連接剛才上傳的分類模型。請勾選「sound label」積木，確認是否能成功執行。

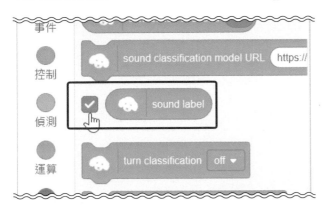

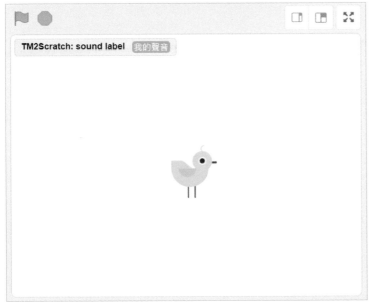

舞台上會顯示辨識中的 Class。和剛才一樣，請先對麥克風說話，測試看看。如果你說話時，舞台左上方的 sound label 在右側顯示「我的聲音」，而其他人說話時，顯示成對應的標籤名稱，代表分類模型可以成功辨識聲音。

確認可以順利辨識後，接著要建立 Scratch 的程式。

語音辨識篇 — 製作分辨聲音的數位寵物

**使用Scratch製作數位寵物**

利用 TM2Scratch，將 Teachable Machine 連接到 Scratch 之後，後面的操作和一般 Scratch 的程式設計一樣。這次要寫的程式是，當輸入聲音時，利用分類給予不同回應。

**1 編寫寵物的動作**

既然是寵物，完全不動就不可愛了，所以要讓角色在畫面中走來走去。寵物走動的程式如下所示。

使用的積木

- 事件→當綠旗被點擊
- 動作→迴轉方式設為「左 - 右」
- 控制→重複無限次
- 控制→等待「1」秒
- 外觀→造型換成下一個
- 動作→碰到邊緣就反彈
- 動作→移動「10」點
- 動作→面朝「90」度
- 運算→隨機取數「1」到「10」
- 運算→「…」＊「…」

基本動作是每 1 秒朝著上下左右其中一個方向前進。這個角色有三種造型，可以進行切換。利用「移動 10 點」與「面朝 90 度」積木決定移動的距離與方向。方向是「隨機取數 1 到 4」乘以「90」，形成 90（右）、180（下）、270（左）、360（上）等四個方向。但是這樣角色的外觀也會迴轉，因此在「重複無限次」前面增加「迴轉方式設定為左 - 右」。

加上「碰到邊緣就反彈」積木是為了避免角色跑出舞台之外。由於角色會隨機移動，若一直往邊緣前進，超過舞台的話，就看不到可愛的姿勢了。

變更造型要使用依序切換的「造型換成下一個」積木。如果要確認角色的造型，請選擇左上方三個標籤中的「造型」標籤，就可以知道這個小雞角色有三種造型。

有三種造型

順利完成後，再加上背景。

按下畫面右下方的「選個背景」
鈕，開啟 Scratch 的背景資料庫。
切換成「戶外」類別，選擇適合小
雞的「Forest」背景。

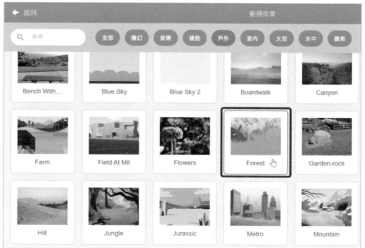

這樣就完成在草地上啄來啄去的小
雞了。

接著要寫出讓小雞根據 Teachable Machine 的結果，給予回應的程式。請按照以下方式組合積木。

**使用的積木**

● TM2Scratch →
  when received sound
  label:「any」
● 控制→如果「…」那麼
● TM2Scratch →
  sound「any」detected
● 文字轉語音→唸出「你好」

利用「when received sound label:『any』」的事件積木開始，接著使用「如果『…』那麼」積木，按照每個 Class 改變回答。

利用「文字轉語音」擴充功能，加入「唸出『hello』」積木。

請試著說話，看看結果如何？會根據說話者給予回應嗎？

最後稍微調整細節。在目前的狀態下，由語音唸出回應時，感覺有點不自然。為了讓小雞的回應容易瞭解，再加上以下程式。

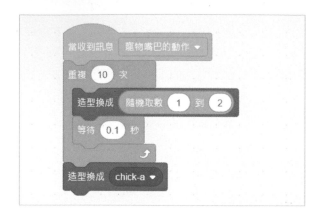

按一下完成的積木就可以瞭解小雞的嘴巴會張開、閉上。三種造型只要切換 1 與 2，因此使用「隨機取數『1』到『2』」積木。請根據說話的內容調整重複的次數與「等待 0.1 秒」的時間。最後希望以閉上嘴巴的狀態當作結尾，因此增加「造型換成『click-a』」。

這個程式是利用「訊息」功能呼叫出來的。將「事件」類別中的「當收到訊息『message1』」拖放到程式區域，按一下「新的訊息」，取個容易瞭解的名稱。這個範例是將訊息名稱改成「寵物嘴巴的動作」。

 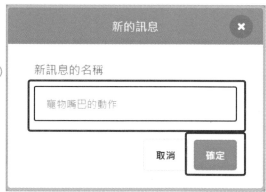

在剛才完成的語音程式中，於兩個地方加上「事件類別」的「廣播訊息」積木，並選擇「寵物嘴巴的動作」（以下用紅框包圍的部分）。

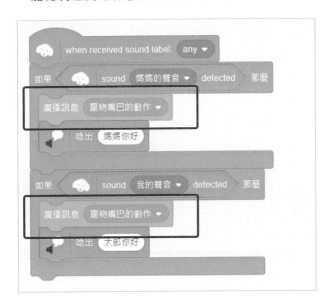

「廣播訊息」積木會瞬間執行處理，因此能以嘴巴開闔的狀態來播放合成的語音。

● 完成的程式

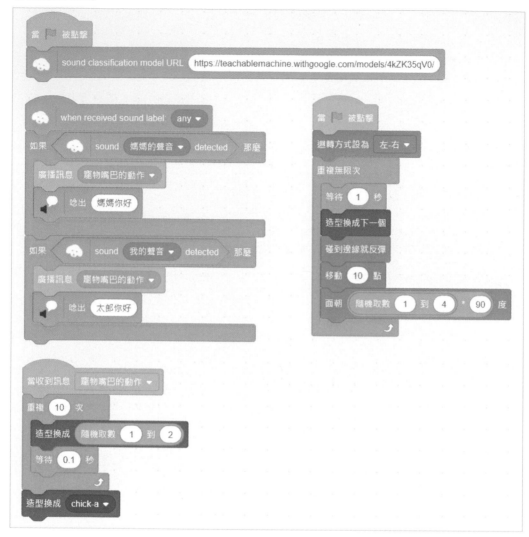

請試著發揮創意,進行調整。例如改成其他造型,或增加寵物的動作,甚至改變說話的內容,除了「你好」之外,也學習其他聲音、準備幾種回答等。

# 小型裝置也可以進行機器學習

機器學習要收集大量資料再進行處理,因此一開始的趨勢是利用雲端環境(連接網際網路的電腦)進行分析並計算結果。

可是自駕車這種需要瞬間判斷的情況,與雲端環境之間的通訊會形成瓶頸,因此每個裝置(如果是自駕車,就是指每台汽車)必須使用人工智慧(AI)來判斷結果。

透過網際網路,把這些裝置當作判斷依據的影像傳送到雲端進行處理時,如何保護個人資料不外洩也成為一個重要的課題。即使管理得當,當自駕車看到的情景不斷分享到雲端時,萬一影像外洩,就很麻煩。

因此後來發展出不透過雲端,使用手邊機器就能判斷的「邊緣 AI」手法。現在已經有幾個裝置內建了完成學習的機器學習晶片,只要一塊小型的主機板,就可以利用機器學習進行判斷。「HUSKY LENS」、「M 5 StickV」等就是其中之一。

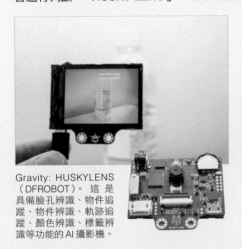

Gravity: HUSKYLENS(DFROBOT)。這是具備臉孔辨識、物件追蹤、物件辨識、軌跡追蹤、顏色辨識、標籤辨識等功能的 AI 攝影機。

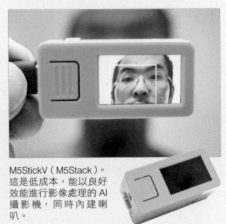

M5StickV(M5Stack)。這是低成本,能以良好效能進行影像處理的 AI 攝影機,同時內建喇叭。

如果利用這種小型裝置就能輕易使用機器學習的話,或許能自行製作出智慧型手機、數位相機的臉孔辨識功能,或智慧音箱等。

# 3章

## 製作運用身體的樂器程式

這一章要利用機器學習辨識臉孔與身體的部位，試著利用身體製作樂器。請把攝影機拍攝人體時，讀取到身體各部位的位置關係當作參數，思考產生聲音的機制。這一章將使用「PoseNet2Scratch」擴充功能，利用「PoseNet」辨識臉孔或身體的部位。我們會運用已經完成分類的模型，所以不需要和第一章、第二章一樣，進行學習影像／聲音、設定 Class 等步驟。

讓電腦學習影像及聲音，並寫出程式真的很有趣呢！
除此之外，還有其他的運用嗎？

機器學習現在深受矚目，
全球的研究人員以及工程師們
都在製作方便的機制或分類模型。

愈來愈進步了呢！

不然我們來製作
能判斷身體部位的有趣應用程式吧？

身體部位？

從攝影機拍到的人體姿勢或臉孔，
就能立刻判斷哪裡是眼睛，哪裡是鼻子，
哪裡是右手，哪裡是左手，類似這樣。

竟然能做到這樣！

來試試看吧！
請面對我的攝影機，舉起你的右手。

像這樣嗎？

噹 嘟

咦？剛剛是不是有鈴聲？

 這次試著把右手臂往旁邊伸展。

 嗯，好的！

 噹 噹

這次是閃閃發亮的聲音！
好像在施展魔法喔！

 因為我的電腦裡已經製作了程式，
可以根據身體的部位如何動作來發出不同的聲音。

好厲害！可是要學習身體的每個部分好像很麻煩…。
究竟要拍哪些部位的照片啊？

 機器學習的研究人員已經製作並公開了
可以判斷身體及五官位置的分類模型，
所以這次我們要運用這些已經公開的分類模型，
不用自行製作！

原來如此！真是感謝這些研究人員啊！

## 3-1 可以推測臉孔及身體部位的 PoseNet

PoseNet 是一種機器學習模型，可以即時推測人臉以及身體部位的位置。在 GitHub 提供了可以在 Google 發布的 JavaScript 機器學習函式庫 TensorFlow.js 使用的版本[1]。

**GitHub - tensorflow/tfjs-models**
https://github.com/tensorflow/tfjs-models/tree/master/posenet

PoseNet 可以從攝影機拍攝到的影像中，辨識眼睛、鼻子、耳朵、肩膀、手肘、手腕、腰部、膝蓋、腳踝等左右部位，共計能確認包含臉孔、身體等 17 個部位在哪裡（位置）。最大的特色是，不論是一人或多人都能即時辨識[2]。

一般會用前面說明的 TensorFlow.js 或能輕易運用的 ml5.js[3] 來使用 PoseNet，但是本章要介紹的方法是能以 Scratch 運用 PoseNet 的 Scratch 擴充功能「PoseNet2Scratch」[4]。

---

＊注 1： 這是一種網路服務，利用 Git 管理版本系統，就能儲存、公開個人的程式作品。利用公開原始碼發布的軟體常會用到這種服務。

＊注 2： 想深入瞭解技術方面的說明，請參考開發人員的部落格（英文）。
https://medium.com/tensorflow/real-time-human-pose-estimation-in-thebrowser-with-tensorflow-js-7dd0bc881cd5

＊注 3： 關於 ml5.js 請參考網址 https://learn.ml5js.org/docs/#/reference/posenet

＊注 4： 原始碼請參考網址 https://github.com/champierre/posenet2scratch

利用 PoseNet2Scratch，就能在 Scratch 使用 PoseNet，辨識網路攝影機拍到的人體關節位置，並當成舞台上的座標。接下來要製作可以在臉上戴眼鏡或戴上帽子的變裝程式，練習使用 PoseNet2Scratch。

如果要執行該程式，需要準備內建或外接網路攝影機的電腦。

PoseNet2Scratch 要透過客製化 Scratch 才能使用。瀏覽器建議選用 Chrome。

請在 Chrome 的網址列輸入以下網址，開啟客製化 Scratch。

客製化 **Scratch**
https://stretch3.github.io/

3
章

推測姿勢篇 ── 製作運用身體的樂器程式

按一下「添加擴展」（左下方區塊顯示了＋號的藍色按鈕），開啟「選擇擴充功能」畫面，選擇下方的 PoseNet2Scratch 擴充功能。

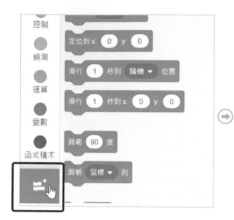

開啟請求允許使用攝影機的畫面，按下「允許」，Scratch 的舞台畫面就會切換成攝影機拍到的影像。

**補充說明**

如果舞台畫面沒有切換成攝影機拍到的影像，請參考 **P23**，按一下顯示在 **Chrome** 網址列右側的攝影機圖示，確認設定狀態。

## ☐ 顯示小丑鼻

這個程式不需要用到一開始顯示在舞台
上的貓咪角色,所以按一下角色右上方
的垃圾桶圖示,刪除貓咪角色。

首先要顯示小丑鼻。按一下「選個
角色」,從角色中選擇以下畫面中的
「Ball」。

增加了角色「Ball」之後，按一下「造型」標籤，選取正中央的「ball-c」造型，顯示成粉紅色的球。

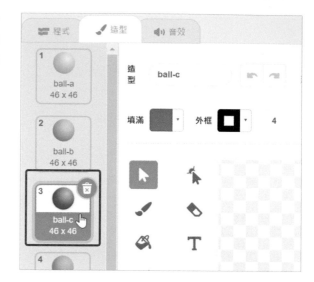

在攝影機拍攝到的影像中，讓粉紅色圓球隨時出現你的鼻子上。

為了確認 PoseNet2Sratch 是否正在執行，請勾選「nose x」與「nose y」的核取方塊，如右所示。

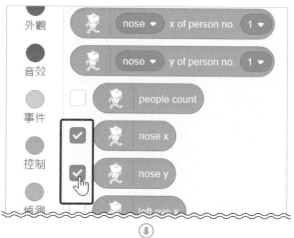

勾選核取方塊後，舞台的左上方會顯示鼻子的 x 座標與 y 座標，如右圖所示。

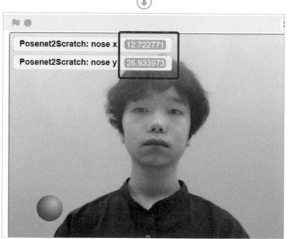

Scratch 舞台畫面中的 x 座標是左 -240，右 240，Y 座標是下 -180，上 180。請在鏡頭前上下左右移動你的臉，確認鼻子的 x 座標與 y 座標會即時變化。假設鼻子在畫面右邊，鼻子的 x 座標應該會接近 240。

如果球會隨著影像中的鼻子位置移動，看起來就會像是小丑鼻。

請按照以下方式，組合出用「重複無限次」積木包圍「定位到 x:『nose x』y:『nose y』」積木的程式。

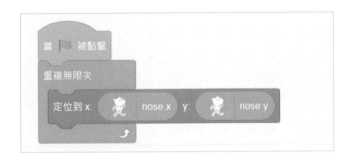

請點擊綠旗，執行程式，確認粉紅球是否如下圖所示，會顯示在鼻子上。

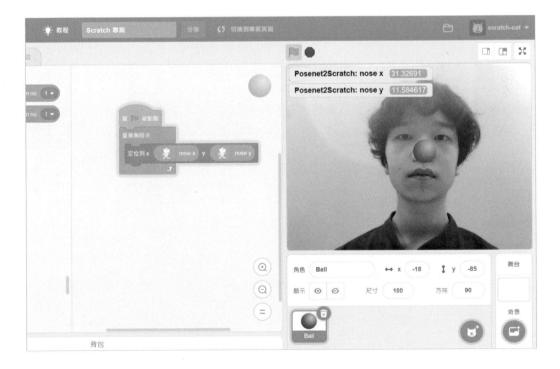

## 2 調整球的大小製造遠近感

臉靠近攝影機時，就會變大；反之，遠離攝影機時，臉就會變小。可是在鼻子上的球卻不會改變大小，感覺有點不協調。

如果能按照攝影機與臉的距離來變化球體大小，就能產生遠近感，變得更逼真。以下要思考如何做到這一點。

PoseNet2Scratch 除了鼻子之外，也能推測眼睛的位置，因此根據畫面上左眼與右眼的位置，就可以推測出眼睛之間的距離（長度）。這個長度離攝影機愈遠愈短，愈近愈長。由於兩眼之間的長度與鼻子大小的比例固定，應該可以根據畫面上的雙眼長度來決定小丑鼻的大小。

調整臉部與攝影機的距離，讓小丑鼻剛好落在能蓋住真實鼻子的位置，然後利用以下積木調查此時左右眼之間的長度。

**使用的積木**
- 運算→「…」-「…」
- Posenet2Scratch → right eye x
- Posenet2Scratch → left eye x

一開始角色的大小為 100%，因此小丑鼻的大小為 100% 時，雙眼之間的長度約為 60。如果把雙眼之間的長度除以 60 再乘以 100，這樣雙眼之間的長度與小丑鼻的大小比例就會維持不變。

在「重複無限次」積木內，插入決定大小的積木，就會按照攝影機與臉孔的距離來改變小丑鼻的大小，增添寫實感。

## ● 完成的程式

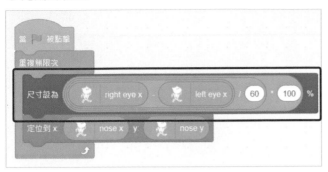

60 這個數字是撰寫本書時，根據測試的環境及人物的鼻子大小所產生的，因此請依照你的執行環境與鼻子大小來調整數字，讓小丑鼻的尺寸能變得剛剛好。

### ③ 戴上眼鏡

請利用小丑鼻的技巧，試著加上眼鏡。

按一下「選個角色」，選擇「Glasses」（這是英文的眼鏡）。利用畫面右上方的「時尚」分類來搜尋會比較容易找到。

按一下「造型」標籤，選擇第二個星形眼鏡。外觀與程式的動作無關，你可以選擇自己喜歡的眼鏡造型。

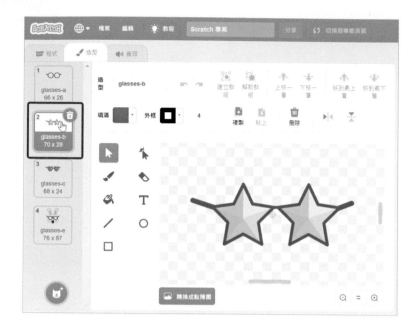

如果要讓眼鏡重疊在自己於畫面中的雙眼上，必須讓眼鏡的 y 座標與左右其中一眼的 y 座標一致。這個範例是以左眼的 y 座標為基準。

眼鏡的 x 座標最好對齊臉部中央，我們可以當成和臉部中央的鼻子 x 座標一致。

讓眼鏡重疊在雙眼上的程式如下所示。

● **完成的程式**

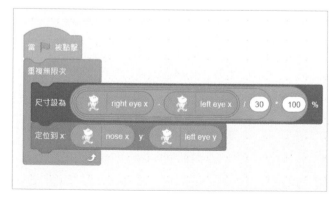

使用的積木

● 事件→當綠旗被點擊
● 控制→重複無限次
● 外觀→尺寸設為「100」%
● 運算→「···」-「···」
● Posenet2Scratch → right eye x
● Posenet2Scratch → left eye x
● 運算→「···」/「···」
● 運算→「···」*「···」
● 動作→定位到 x:「···」y:「···」
● Posenet2Scratch → nose x
● Posenet2Scratch → left eye y

使用和製作小丑鼻一樣的技巧，根據與攝影機的距離調整眼鏡大小，製造遠近感。眼鏡比球略小，因此除以 30，顯示成較大的尺寸。請根據你的操作環境與體格來調整這個數值。

執行程式後，結果如下所示。

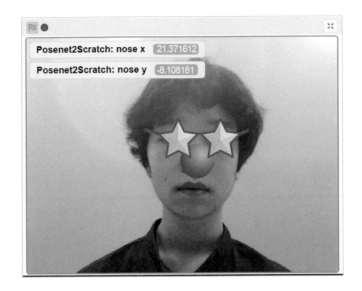

學會了如何利用 PoseNet 取得身體每個部位的座標後，不妨試著建立帽子角色，把帽子戴在頭上。PoseNet 無法直接取得頭的座標，但是只要在眼睛的 y 座標加上某個數值，往上移動即可。再講究一點，還可以根據臉部的傾斜狀態來改變眼鏡的角度。

除了眼睛、鼻子之外，PoseNet 也能取得兩耳或身體其他部位的座標，請善用這些項目，製作出有趣的變裝程式。

PoseNet 除了臉部五官之外，也能辨識全身的關節
位置，可以製作右圖這種全身穿著人偶裝的變裝應用
程式。

從 Scratch 的角色資料庫中載入
「Skeleton」。

為了配合身體每個部位的動作，我們把角色
分割成身體的各個部位，如「頭」、「軀幹」、
「右上臂」、「右前臂」等。這次要設計右上
臂的程式。

右上臂是使用右肩的座標來決定位置，先把
右上臂的中心點移動到肩膀附近。

移動插圖就可以改變
Sprite 的中心點（⊕）。

088

使用「動作」類別中的「面朝『鼠標』向」積木，決定右
上臂的方向。右上臂的方向是由右前臂的位置而定，所以
增加右前臂，然後朝向該方向。

這就是右上臂的程式。和製作小丑鼻及眼鏡的程式一樣，
按照與攝影機的距離來改變大小，製造遠近感。請參考這
個程式，試著完成其他部位的程式。

### ▶ 製作骨骼

在 PoseNet 的示範中，常會看到稱作「bone」（中文為
骨骼），連接每個關節的連接線。使用 Scratch 也能呈現
出相同的效果，若想一邊檢視關節動作，一邊思考程式，
這個功能就很方便。利用 Scratch 的畫筆積木可以輕易
描繪或刪除線條，請斟酌下筆與停筆，按照每個關節一筆
一劃勾勒出來。以下是作者製作的程式範例之一（請參考
P6 自行下載）。

骨骼範例

骨骼程式（部分）

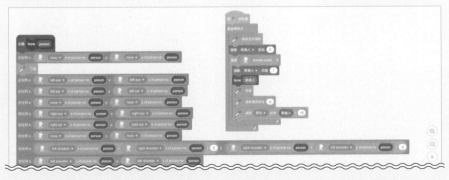

## 3-3 設計用身體動作來發聲的樂器程式

瞭解了 PoseNet2Scratch 的用法後，接著要製作運用到全身動作的樂器程式。

把電腦放在桌上，稍微遠離電腦，讓攝影機可以拍攝到全身（或上半身）。

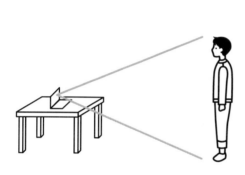

首先做出右手臂往正上方舉起，再往下放在身體旁的動作。如果要在做這個動作時，發出聲音的話，可以使用什麼數值呢？讓我們一邊思考，一邊寫出利用手臂動作讓鐘聲響起的程式吧！

## 1 舉起右臂時鐘聲響起

首先載入「Bell」角色。這裡不需要貓咪角色，請先刪除。從舞台下方的角色面板中，選取 Bell 角色，開始設計程式。

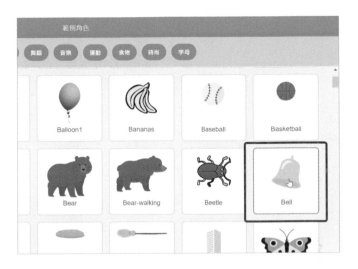

在右臂往正上方舉起及放下擺在身體旁的動作中，位置變化最大的是手腕的座標。尤其高度（y 軸）的變化很大，所以這次要使用該座標。

**使用的積木**

● Posenet2Scratch →
　right wrist y

如果要表示手腕位置高於鼻子的狀態，可以使用「…」>「50」的積木，按照以下方式組合。

**使用的積木**

● 運算→「…」>「50」
● Posenet2Scratch → nose y

利用這個條件，讓 bell toll 響起的程式如下所示。

**使用的積木**

● 事件→當綠旗被點擊
● 控制→重複無限次
● 控制→如果「…」那麼
● 音效→播放音效「bell toll」

試著執行之後，當手腕高於鼻子時，鐘聲就會響起。但是在舉起手臂的狀態，鐘會持續響起，因此再加上一個條件，鐘響一次後就停止，直到手臂放下。

● **完成的程式**

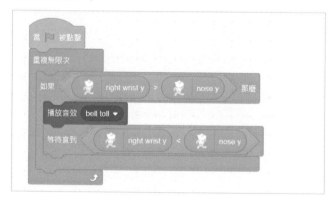

**使用的積木**

● 控制→等待直到
● 運算→「…」<「50」
● Posenet2Scratch → right wrist y
● Posenet2Scratch → nose y

請實際試試看。應該和剛才不同，舉起手臂後，鐘聲只會響一次對吧？

**2 右臂往水平延展就發出施展魔法的聲音**

接下來試著在右臂往水平方向延展時發出聲音。這次要使用「Wand」（魔法棒）角色。利用角色資料庫載入魔法棒，在舞台下方的角色面板選取魔法棒，再編寫程式。

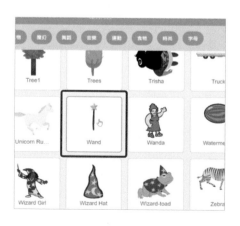

可以使用的關節位置是右肩、右手肘、右手腕的 y 座標。但是若組合成以下積木，結果會如何？

**使用的積木**

● 運算→「…」且「…」　　● Posenet2Scratch → right shoulder y　　● Posenet2Scratch → right wrist y
● 運算→「…」=「50」　　● Posenet2Scratch → right elbow y

乍看之下似乎沒問題，但是要讓這個條件成立非常困難。

PoseNet2Scratch 分析人類動作的座標會計算到小數點以下，因此要抓住右肩、右手肘、右手腕的高度剛好重疊的瞬間，幾乎不可能，所以要保留一定程度的容許範圍。我們先思考右肩與右手肘的情況。

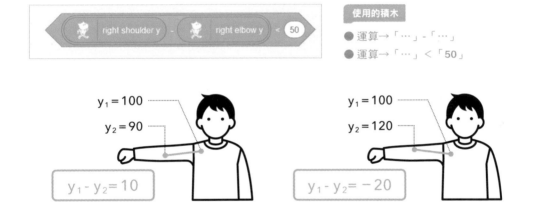

**使用的積木**

● 運算→「…」-「…」
● 運算→「…」<「50」

看起來似乎沒問題，但是當手肘略高於肩膀時，會產生負值，使得條件始終成立（請參考上圖）。因此要使用「『絕對值』數值『…』」積木，讓上下的 y 座標差在 15 以內，就滿足條件。

**補充說明**

絕對值是表示該數字與 0 之間差異多大的數值。例如 5 的絕對值是 5，-5 的絕對值也是 5。請想像像 5 公尺的牆壁頂端與 5 公尺的谷底，兩者距離地面（0）都是 5 公尺。

組合以下積木。

組合「右肩 - 右手肘」、「右手肘 - 右手腕」的條件,可以產生右手腕呈現水平的條件。

以下程式是當右手腕為水平狀態時,發出聲音的程式,音效選擇「Magic Spell」,同時加上等待直到手臂放下的處理,避免重複發出聲音。

● **完成的程式**

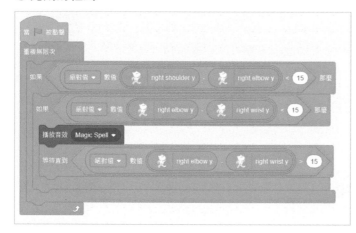

但是這個程式只確認手臂每個關節的高度,除了右手臂水平延展的姿勢之外,也可能會對反向延伸的姿勢、彎曲手臂往上舉的姿勢產生反應。假如要更嚴謹一點,最好加入 x 座標的條件(「右肩<右手肘」且「右手肘<右手腕」)等。

請結合 **1** 的鐘聲程式，實際試試看。如果能分別按照手臂的動作來發出聲音就成功了。

---

### ▶ 組合多重條件的方法

在 Scratch 使用「⋯且⋯」（AND、邏輯與）積木，可以表示幾個條件同時成立的情況，但是有時卻可能無限延伸，為了避免這一點，請組合「如果⋯那麼」積木，取代「⋯且⋯」。

這兩個程式會執行相同動作。

但是嚴格來說，處理時間不同，假如和這次一樣，以多個關節的位置關係為條件，就可以使用這種方法。

---

# 姿勢推測方法的演變

利用 PoseNet 可以輕易推測姿勢，其實這種作法有很長的發展歷史。

據說最早始於 19 世紀後半，攝影師 Eadweard Muybridge [*] 使用高速相機拍攝馬腳的動作。

連續拍攝奔馳中的馬兒

出處：
「Eadweard Muybridge」
『Wikipedia The Free Encyclopedia』
（https://en.wikipedia.org）

從此以後嘗試了各式各樣的方法，並且實用化，例如開始使用閃光燈的連續攝影，或裝上燈泡，拍攝人體動作的攝影記錄。汽車進行撞擊測試時，使用的假人標識點，也是其中一個例子。

隨著攝影機的出現，以及可以用電腦處理影像之後，使得在人體加上光學標識點（一般是反光小球），用多台攝影機捕捉各個方向的動態變得可行。這種方法到現在仍運用在訓練運動員，以及拍攝電影時，演員扮演 3D CG 角色等情況。

＊注：花費大量時間研究高速攝影，試圖掌握馬匹襲步時的馬腳動作。

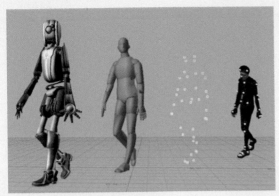

這是動態捕捉範例。右邊是加上標識點的人物影像，處理標識點的動作，利用 CG 呈現角色動作，如左所示。

出處：
「Motion Capture」
『Wikipedia The Free Encyclopedia』
（https://en.wikipedia.org）

這種使用多台攝影機的方法，需要寬敞的空間及大量攝影機來捕捉動作，因此一直以來都只有少數研究室或攝影工作室使用。

後來，家用遊戲機「Microsoft Xbox」的控制器 Kinect 改變了這種狀況。Kinect 把攝影機與深度感測器放在同一個裝置內，可以推測從正面拍到的人體姿勢。在極盛時期，還發展出使用者可以建立與 Scratch 連結的環境等運用，但是後來 Kinect 停止零售，改推出以開發人員為對象的 Azure Kinect，以及類似的姿勢推測感測器等。

在 Scratch 使用 Kinect 的 Kinect2Scratch 工作狀態。

本章使用的 PoseNet 與過去的各種方法不同，可以在電腦與瀏覽器上執行，一台網路攝影機就能推測姿勢。雖然準確度比不上在攝影棚用專業器材拍攝的成果，但是假以時日，應該能逐漸改善。

使用 PoseNet2Scratch 可以把身體姿勢當作電腦的介面來運用，讓我們一起努力發展新的用法及可能性吧！

# 4 章

—

## 瞭解機器學習

—

前三章使用影像辨識、語音辨識、推測姿勢的機制,實際製作了應用程式。接下來將先暫停寫程式的部分,一起來瞭解機器學習是什麼?機器如何導出類型?這一章將一邊檢視程式,一邊講解模仿人類大腦結構的「人工神經網路」,以及將人工神經網路單純化,變成比較容易瞭解的「簡單感知器」。

人類不用一個口令一個動作，電腦就會自行思考，
做出判斷的機器學習機制非常厲害吧！

嗯嗯！真的好像人類喔！
究竟電腦內部執行了什麼動作呢！

你很想瞭解吧？
其實電腦直接模仿了你們人類的「大腦」結構。

模仿了大腦的結構？

沒錯。
你們的大腦內充滿了大量的神經元，而且彼此相連。

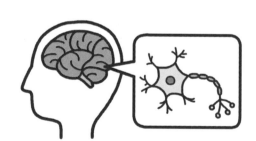

這是什麼，我頭一次看到！

當你看到、聽到、接觸到某個事物時，
會進行「在這種條件下，把訊息傳遞給會產生反應的神經元，
其他條件則不傳遞」的處理。

這種組合非常龐大，就像「危險物體接近時就逃跑」、
「只吃能入口的食物」，大腦可以做出複雜的判斷。

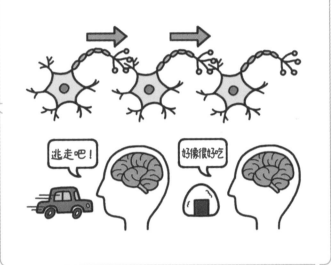

欸～，你說電腦可以模仿這種事？
真的可以嗎！？

沒錯。
所以這種結構稱作「類神經網路」，
也就是神經元網路。
我們先暫時不寫程式，
先瞭解機器學習究竟是什麼。

好的！

# 何謂機器學習？

與機器學習類似的關鍵字有「人工智慧（AI）」。人工智慧因為最近常在電視或新聞中出現，可能比較有名。

另外，還有一個常會一起出現的關鍵字是「深度學習（Deep Learning）」，對於機器學習有興趣，拿起這本書的你，應該有聽過這個名詞吧！

以下先用圖示介紹這三個包含深度學習在內的名詞差異。

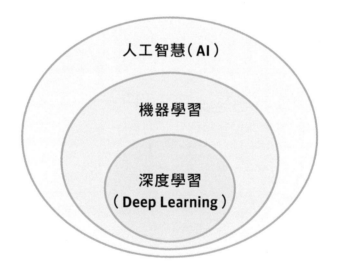

如上所示，機器學習是涵蓋在人工智慧內的一個領域，而深度學習是包含在機器學習內的一種技術。

AI 是英文「Artificial（人工）Intelligence（智慧）」的縮寫，中文翻譯為「人工智慧」。顧名思義，這是研究可以取代人類，從事知識性活動的人工智慧領域。

提到 AI，你的腦中可能會浮現出科幻電影裡，像人類一樣思考、動作，建構在機器人大腦內的東西，但是人工智慧的研究目的卻不限於此。

機器學習是只解決特定問題的 AI。機器學習和人類一樣，獲得知識，「學習」做好某件事。換句話說，機器學習是

---

▶ 使用可以高速處理大量資料的「機器」（電腦）

▶ 取代人類得到的「經驗」，利用資料「學習」的技術

---

機器學習已經運用在影像辨識、文字辨識、語音辨識、自動翻譯、搜尋引擎、篩選垃圾郵件等各種領域，也做出了成果。因為是電腦的技術，所以在你的電腦上也可以執行。

實際執行就能看到結果，非常容易理解。

機器學習常用的程式設計語言以 Python 較為知名，但是本書使用的卻是在教育界比較受歡迎的 Scratch，兩者都能輕鬆處理機器學習。

深度學習是機器學習中的一種技術，近年來獲得了各種成果，讓整個人工智慧領域快速進步，因此受到矚目，我們將在 4-3（P105）說明這個部分。

# 4-2 機器學習與人類的學習

機器學習的特色之一，就是

---

▶ 取代人類獲得的「經驗」，使用資料「學習」的技術

---

機器與人類的學習方法相仿。

在機器學習領域，有個知名的題目「看了貓與狗的照片，是否能正確分辨？」

例如，媽媽在嬰兒頭一次看見貓咪時，通常會告訴他「這是貓咪喔！」當嬰兒長大成幼兒，開始牙牙學語時，看到貓咪，若說出「貓咪」，媽媽應該會稱讚他，如果看到貓以外的動物，卻說出「貓咪」時，媽媽也會告訴他「這不是貓咪喔！」狗也一樣，重複累積這種經驗，幼兒自然而然就能分辨「貓」與「狗」。

人類會像這樣累積「經驗」來獲得知識，進而能更正確分辨事物，這就是所謂的「學習」。

然而，機器學習在獲得知識，能更正確辨識事物這一點和人類一樣，差別在於機器學習是利用資料而不是經驗來獲得知識。對著攝影機顯示貓的照片，告訴機器「這是貓咪喔！」[*]。此時，要陸續顯示不同種類的貓咪照片。同時也在攝影機前顯示大量狗的照片，並且告訴機器「這是狗喔！」

接著在攝影機前顯示不曾看過的貓或狗的照片，讓電腦判斷這是貓還是狗。電腦會根據之前學習過的資料，推論出貓與狗的特徵，再根據這些資料產生判斷結果。假如判斷結果錯誤，人類告訴電腦這是錯的。如果電腦把新顯示的貓咪照片誤認為狗時，就要重新學習，讓電腦把新的貓咪照片當成貓。

我們雖然寫成「導出特徵，根據該資料提出判斷結果。」可是實際上電腦如何做到？請見以下說明。

---

\* 注：這種利用正確資料學習的機器學習稱作「監督式學習」。
　　　機器學習還包括「非監督式學習」及「強化學習」。

# 機器如何導出類型？

## （人工神經網路與單純感知器）

機器看到照片時，究竟如何「導出特徵，根據該特徵提出判斷結果」？

以下要介紹以人類在內的生物結構為靈感，所創造出來的人工神經網路。生物的大腦是由稱作神經元的神經細胞構成，如下所示。

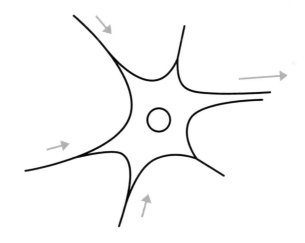

這種神經元在大腦內有無數個，神經元之間以細線狀的軸突相連。軸突就像電線，透過軸突，神經元可以將資料傳遞給其他神經元。

假設有個神經元收到了其他神經元傳來的訊息，它不會直接傳遞給其他神經元，而是在某個條件下，產生反應，傳送訊息，其他情況則不會產生反應，也不會傳送訊息。

大腦可以做出複雜的判斷，例如眼睛會分辨危險的事物，鼻子能嗅出不同味道，受到大量刺激時，最後組合成命令手腳做出動作的反應，「遇到危險時逃走」、「只選擇能吃的食物」。

利用程式，以人工方式製作出這種神經元，就稱作人工神經元，連接大量人工神經元，就形成人工神經網路。能以前所未有的高準確度辨識影像而受到矚目的深度學習，就是以這種人工神經網路為基礎。早在很久以前，我們就知道在電腦製作模仿大腦的結構能獲得不錯的效果。拜電腦技術進步所賜，現在已經可以重疊比實際大腦還多層的人工神經元，大量並快速處理資料，效能大幅提升，使得近來掀起了人工智慧及機器學習的熱潮。

使用人工神經網路，實際上能做什麼？讓我們舉個例子。

**TensorFlow.js Tutorial**
https://tensorflow-js-mnist.netlify.app/

這是使用機器學習的函式庫 TensorFlow.js，以 JavaScript 編寫，用人工神經網路辨識手寫數字的應用程式[*]。

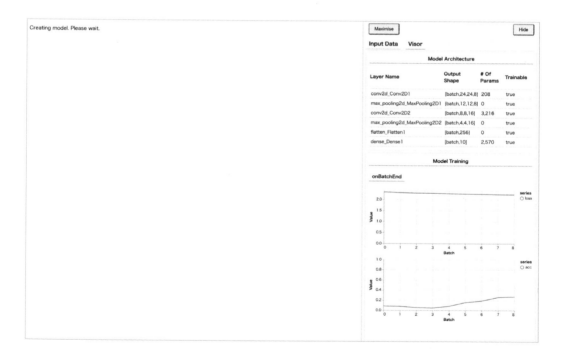

*注：這個應用程式的寫法及詳細內容請參考
　　「日經 Software」雜誌 2020 年 1 月的報導「手書き数字リアルタイム認識アプリを作ろう！
　　（製作即時辨識手寫數字的應用程式！）」
　　以及《土日で学べる「AI& 自動化」プログラミング（週末學習「AI& 自動化」程式設計）》
　　（日經 BP PC Best Mook）

使用瀏覽器（建議使用 Chrome）開啟上述網址，會先顯示「Creating model. Please wait.」，接著開始學習，右下方會出現顯示學習狀態的圖表。在這段時間內，電腦會瀏覽約 6000 張影像，裡頭是 0 ～ 9 的各種寫法，並以飛快的速度學習。

這裡出現的，就是 4-1 提到的機器學習特徵

> ▶ 使用可以快速處理大量資料的「機器」（電腦）

學習完畢後，左上方會顯示黑色正方形區域，如下圖所示。

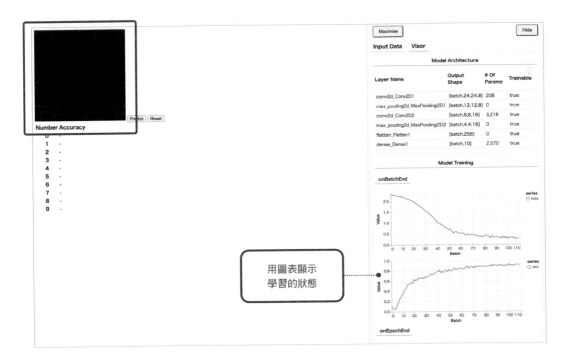

用圖表顯示
學習的狀態

使用滑鼠在這個黑色區域寫出 0 到 9 任何一個數字，然後立刻按下右邊的「Predict」鈕，就會顯示辨識結果是 0 到 9 哪個數字。在 0 到 9 每個數字旁顯示的 0.77141…是介於 0 到 1 之間的數字，代表對該數字的判斷有多少把握，亦即「準確度」。下面的例子是對 2 這個答案最有自信。

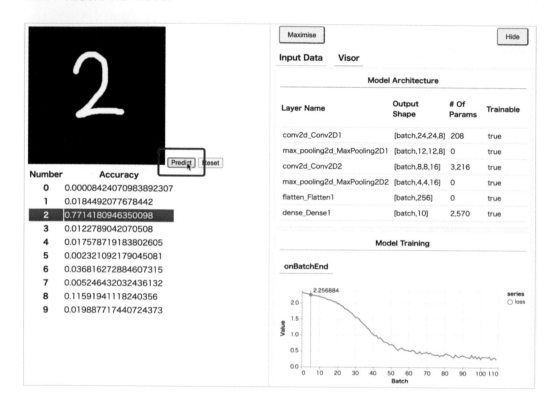

請實際書寫各個數字。有時電腦可能會判斷錯誤，但是我想你應該可以瞭解，就算是寫法獨特，電腦也能做出判斷，獲得大致正確的結果。

在 Scratch 搜尋「neural network」，可以找到使用人工神經網路辨識手寫數字、模擬自動駕駛、學習遊戲並自動操作等專案。

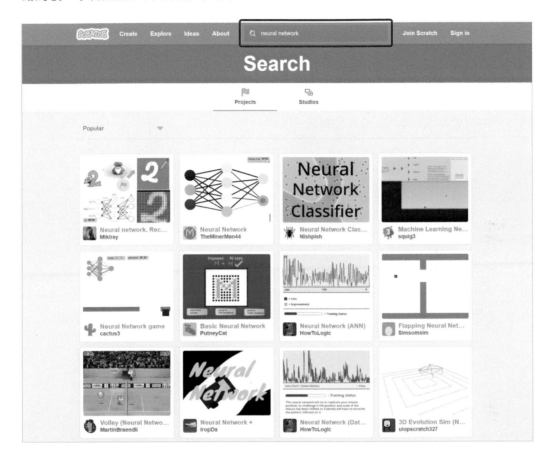

檢視這些專案的內容，可以瞭解在 Scratch 安裝了何種人工神經網路。

但是人工神經網路的結構非常複雜，不容易理解。為了讓你能實際瞭解，下一節將用「單純感知器」介紹 Scratch 的專案，這種感知器只使用了一個人工神經元組成人工神經網路。

# 用單純感知器分類
# 蘋果與香蕉

請使用瀏覽器開啟以下 Scratch 的專案。

**分類水果（單純感知器）**
https://scratch.mit.edu/projects/407490667/

點擊綠旗開始專案後，會在舞台上散落 10 顆蘋果。

按一下蘋果，那顆蘋果就會變成香蕉，同時自動顯示藍色分隔線，劃分蘋果群組與香蕉群組。推測舞台上這個區域的蘋果比較多，或那個區域香蕉比較多的部分，就是使用了單純感知器。

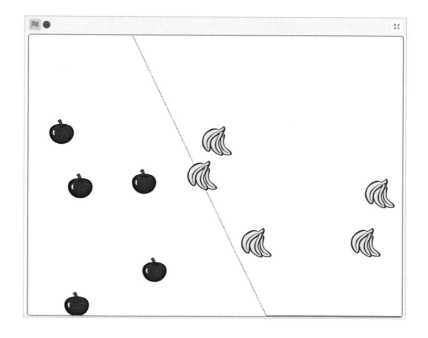

試著將滑鼠游標移動到舞台上的每個地方，然後按下空白鍵。如果單純感知器判斷為「這個附近是香蕉群組！」就會顯示香蕉，若判斷「這個附近是蘋果群組！」則顯示蘋果。

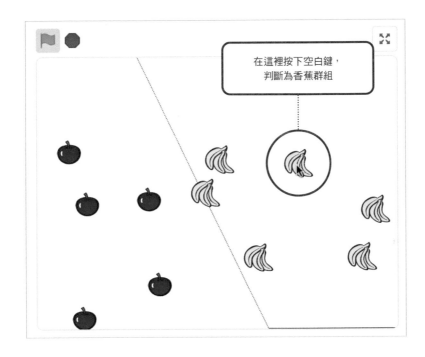

上圖是在舞台右上方按下空白鍵，顯示為香蕉的狀態。將游標移動到蘋果較多的左下方，按下空白鍵後，就會顯示蘋果。

這次請刻意按一下周圍被蘋果包圍的一顆蘋果，讓它變成香蕉。

此時，會不斷以各種角度顯示直線，無法順利畫出分隔線。單純感知器只能在可以用直線分隔蘋果與香蕉的單純情況下才會順利執行，這種一定要用曲線才能妥善劃分蘋果與香蕉群組的複雜狀況就無法運作[*]。若要解決這種複雜問題，必須使用組合多個單純感知器的人工神經網路。

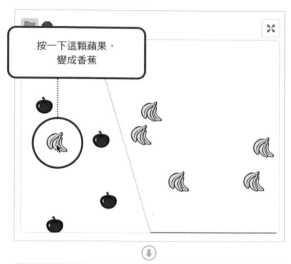

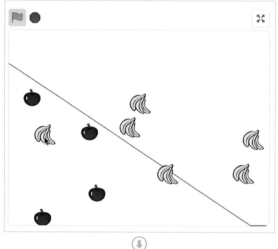

*注：這種現象稱作「線性不可分離」。1969年 Marvin Minsky 與 Seymour Papert 在《Perceptrons: An Introduction to Computational Geometry》（MIT Press）一書中，證明了單純感知器無法解決線性分離問題。據說這件事是造成「AI 寒冬」的原因之一。Papert 是 Scratch 的始祖 LOGO 語言的開發人員，也是程式設計教育的先驅。在《Inventive Minds: Marvin Minsky on Education》（MIT Press）詳細介紹了 Minsky 與 Papert 的關係。

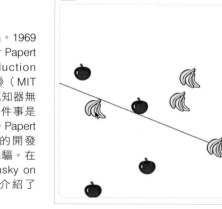

# 4-5　瞭解單純感知器的結構

我們以圖解方式顯示單純感知器執行的工作。

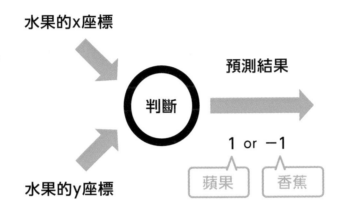

是不是覺得看起來跟神經元的圖示很像？

左邊有兩個輸入，右邊有一個輸出。各種值從左邊進入，然後根據該值決定右側輸出的值。這和當一個神經元收到其他神經元傳來的訊息時，在某個條件下產生反應，並往右側傳遞，反之則不做反應，不傳遞訊息很類似。

分類水果時，左側輸入水果的 x 座標與 y 座標，右側產生的輸出是預測為哪種水果的結果。預測為蘋果時，變成 1，預測為香蕉時變成 -1 [*]。

正中央的圓形部分是根據水果的 x 座標與 y 座標，亦即從水果的位置判斷水果的種類。

＊注：一般的感知器是使用 0 與 1，為了方便瞭解，這裡使用了 -1 與 +1。

在 Scratch 的程式中，以下是進行判斷的部分。

在以下算式帶入 x 座標與 y 座標之後，會產生符合水果種類的值，如果大於 0，就是「蘋果」，若小於 0，則是「香蕉」。

$$權重1 × x座標 + 權重2 × y座標 + 權重3$$
ⓐ
$$−4.637⋯ × x座標 + (−2.676⋯) × y座標 + 1.023⋯$$
ⓑ

算式 ⓐ 的「權重 1」、「權重 2」、「權重 3」是在反覆學習的過程中，修改「修正權重」積木內的值，最後如第二個算式 ⓑ 所示，分別確定為各個數值。換句話說，這裡利用機器反覆學習，計算出由滑鼠位置判斷「蘋果」或「香蕉」算式的「權重 1」、「權重 2」、「權重 3」。把判斷「蘋果」變成「香蕉」的點全都連接起來，就是劃分「蘋果」與「香蕉」的分隔線。

模仿構成生物大腦的神經細胞結構，能讓電腦像人類一樣思考判斷，實在非常有趣。

# 發生在我們周遭的「學習」

當你瞭解了機器學習的結構之後，可能會產生「建立分類模型的人是不是每天都在看影像，然後不停地教導電腦『這是蘋果』、『這是馬克杯』…等？」的疑問。

這種模型究竟是如何產生的？其實裡面運用了我們使用者的行為。

例如，一般登入網站時，會加上避免機器人（機器）進入的結構，比較常用的是「reCAPTCHA」。「請從照片中選取含有紅綠燈的部分」，或出現門牌，提出「請輸入上面的數字」等問題，用來判斷輸入的使用者是否為人類[1]。原本這是用來防範以機器進行非法存取，分辨究竟是人類或機器的功能。不過這種操作也成為把人類變成老師，讓人工智慧學習的機會[2]。

此外，當機器翻譯工具產生不通順的文章時，由人類進行修改的操作，也能訓練機器學習。

更積極的作法是召集合作者來一起調整。例如在Google 的「Crowdsource」智慧型手機應用程式中，可以協助提升照片、手寫文字的影像辨識準確度。

藉由一般網際網路使用者的力量，逐漸改善機器學習的效能。

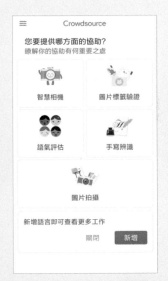

*注 1： 2018 年 10 月發布的新版本「reCAPTCHA v3」，不再要求使用者做出任何行為，如影像認證、勾選核取方塊等。
https://www.google.com/recaptcha/intro/v3.html

*注 2： Google 的 reCAPTCHA 網頁也有說明（英文）。
https://www.google.com/recaptcha/intro/index.html?hl=ja#creation-of-value

Google 的「Crowdsource」應用程式

# 5 章

## 用遺傳演算法
## 讓貓咪的動作進化

在前面製作的程式中，機器學習都是由 Scratch 的擴充功能負責處理，但是這一章要使用 Scratch 設計演算法。所謂的機器學習並非是解決某個問題時，由人類組合所有程式並下達指令，而是機器，也就是電腦自行學習，推導出解決方法。這裡要介紹的「遺傳演算法」也是一種機器學習，本章的內容比較難，當你看完前面四章，想進一步瞭解機器學習的話，請務必挑戰看看。

我們已經大致瞭解什麼是機器學習了。

 太好了！
世上有許多事情都將因為機器學習的結構而改變。
汽車、商店的收銀機、農業…，所有產業、
每個地方都開始運用機器學習了呢！

的確如此。我們長大之後也能成為
機器學習的工程師吧！

 一定可以的。要不要試著挑戰看看？

嗯！我想試試看！

 前面使用了 Scratch 的擴充功能來
進行學習，接下來將試著從頭開始
寫出讓機器進行學習的程式。

好緊張喔！

 據說現代活著的生物只有擁有
容易生存的特徵才能從遠古存
活到現在。

有聽過，這就是生物演化對吧！

 我們要利用和「演化」一樣的方法來編寫學習程式。

欸？那是什麼意思？

我們要讓貓咪不斷世代交替，變得更聰明。剛開始無法順利抵達蘋果的貓咪會愈來愈接近蘋果喔！

OK！開始，跳！

效率真的愈來愈好了！

因為遺傳了父母的基因，小孩會學習如何才能成功又快速地抵達目標。這個過程會重複好幾代。

我們可以用程式設計做到像神一樣偉大的事情嗎？

雖然難度比前面高，但是你們一定沒問題的。

我努力看看！

如果用 P102 出現的圖示來說明遺傳演算法，結果如下，這是與機器學習中的深層學習不一樣的演算法。圖中兩個圓形重疊是因為可能有同時使用遺傳演算法與深度學習的情況。

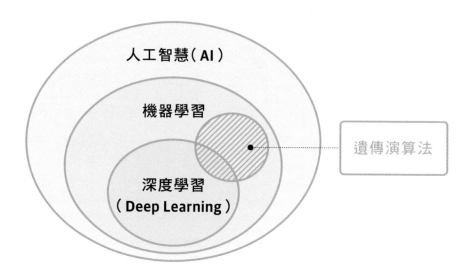

遺傳演算法是假設有個必須解決的問題，為了解決這個問題，而運用生物演化的概念。

這一章假設要讓可以上下左右移動的貓咪避開障礙物，抵達目標，亦即蘋果所在的位置，我們將利用遺傳演算法來解決這個問題。

首先要介紹遺傳演算法的各個元素。

補充說明

演算法
這是指解決特定的問題，或解決某個課題使用的計算步驟或處理順序。（根據小學館《數位大辭泉》）

這一章要說明的專案<sup>*</sup>公開在以下網址。請先實際操作看看，瞭解貓咪的移動狀態。請按住 [Shift] 鍵不放並點擊綠旗，利用 Scratch 的「加速模式」來執行程式，這樣能以攝影機快轉播放的感覺來觀察世代不斷演進的狀態。

> **使用遺傳演算法避開障礙的貓咪**
> https://scratch.mit.edu/projects/407490233/

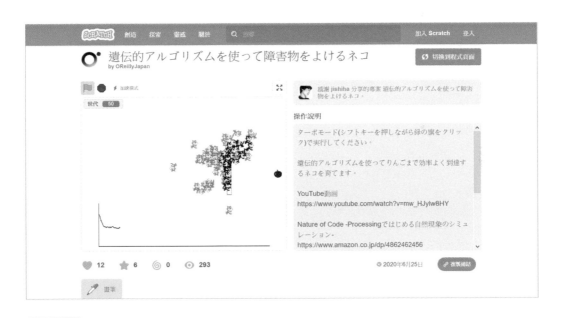

**補充說明**

使用「加速模式」會省略反覆處理時的繪圖。善用這個模式，可以快速顯示使用畫筆繪圖的動畫。

＊注：本章為了讓程式碼變簡潔，在自然淘汰與選擇父母等部分採用了以遺傳演算法為基礎的獨家方法。

5 章

進階篇 — 用遺傳演算法讓貓咪的動作進化

我們要以朝向蘋果這個目標來移動貓咪，用一個英文字母來代表每個動作。往上用 UP 的第一個字母 U，往下用 DOWN 的第一個字母 D，往右用 RIGHT 的第一個字母 R，往左用 LEFT 的第一個字母 L 來表示，以串連這四個字母的方式來代表貓咪的動作。例如 DDDULDRDLUR，貓咪會以下、下、下、上、左、下、右…（以下省略）的方式移動。

另一方面，我們已經知道基因 DNA 是由 Adenine（A）、Thymine（T）、Guanine（G）、Cytosine（C）等四種鹽基連結而成的結構，例如 ATTAGCCGACCA。把代表貓咪動作的字串當成基因，採用生物演化的概念來操作基因，這就是遺傳演算法[*]。

可以適應環境變化的物種生存下來，並在下一代保留該基因，我們稱作「自然淘汰」或簡稱為「淘汰」。據說不論是草食性動物或肉食性動物都演化出快速的奔跑速度，因為只有速度快的動物才能逃過天敵，或可以捕捉到獵物，不會餓死。甚至基於其他原因，部分生物會演化出改變身體的顏色或形狀的能力，或擁有硬殼等。

在本章的例子中，我們把蘋果當作食物，並假設接觸該食物或移動到接近食物位置的貓咪會存活下來，將基因傳給下一代。

貓咪把基因傳給下一代時，並非只留下優秀的基因，而是像生物一樣，從父親與母親的基因中，分別繼承其中一部分。同時也加入雖然不常發生，卻可能因突變而讓部分基因變成完全不一樣的元素。

像這樣形成生物演化結構，讓貓咪經過好幾代的演化，就會離蘋果愈來愈近，最後接觸到蘋果。

如果讓貓咪上下左右隨機移動，最後雖然可以接觸到蘋果，可是過程中必須嘗試大量組合，花費極長的時間。使用遺傳演算法，能更有效率地解決讓貓咪接觸蘋果的問題。

＊註：參考下內容。
　　　https://www.sist.ac.jp/~kanakubo/research/evolutionary_computing/genetic_algorithms.html

# 5-3 建立貓咪的基因

接下來請實際使用 Scratch，製作以遺傳演算法為基礎的機器學習程式。雖然程式比較長，請試著挑戰看看。完整的程式顯示在 P162，請當作參考。

這個程式是用 Scratch 製作機器學習，所以會使用一般的 Scratch。請用瀏覽器開啟以下網址，並建立新的專案畫面。

**Scratch**
https://scratch.mit.edu/

**1** 準備貓咪的造型

首先請和下圖一樣，把角色名稱從「Sprite1」改成「貓咪」。

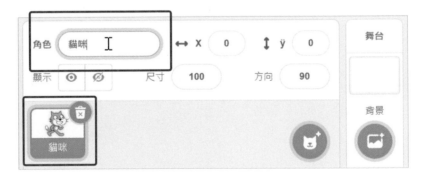

接著準備兩種貓咪的造型。開啟左上方的「造型」標籤，製作一般的 Scratch Cat（正常的貓咪），以及碰到障礙物會變成紅色的貓咪（撞到東西的貓咪）。

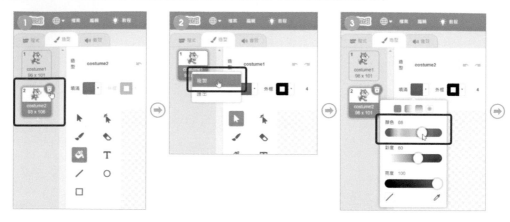

把橘色的部分塗成紅色

❶ 刪除第二個造型。

❷ 按下滑鼠右鍵，拷貝第一個造型。

❸ 把「填滿」的滑桿移到右邊，變成紅色。

❹ 選取「填滿（油漆桶）」工具。

❺ 把橘色的部分塗成紅色。

❻ 在左上方的造型欄位，更改造型名稱。

接下來回到「程式」標籤，製作主要程式（貓咪的程式）。這個程式是點擊綠旗，開始執行程式後，將貓咪的造型、大小、各種變數初始化再進行「製造基因」的處理。

把最初的造型設定為「正常的貓咪」。一開始先設定為隱藏狀態，開始建立分身後才顯示，大小設定為 20%。

## ● 主要程式（貓咪的程式）

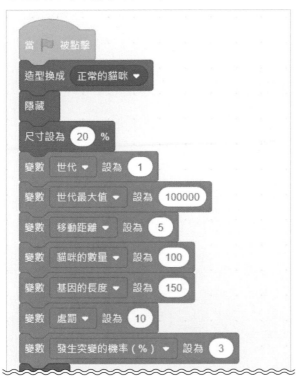

**使用的積木**

● 事件→當綠旗被點擊
● 外觀→造型換成「正常的貓咪」
● 外觀→隱藏
● 外觀→尺寸設為「100」%
● 變數→建立一個變數→建立「世代」、
　「世代最大值」、「移動距離」、
　「貓咪的數量」、「基因的長度」、
　「處罰」、「發生突變的機率（%）」
　（全都選擇「適用於所有角色」）
● 變數→「…」設為「0」
● 函式積木→建立一個積木→
　建立「製造基因」

**補充說明**

建立變數，設定變數的預設值時，請注意中文輸入與半形數字的切換。在 Scratch 的積木維持中文輸入的狀態，輸入數字（全形數字）後會變成 0，請特別留意這一點。

這裡建立了「世代」、「世代最大值」、「移動距離」、「貓咪的數量」、「基因的長度」、「處罰」、「發生突變的機率（%）」等七個變數，這些變數請全都設定成「適用於所有角色」。假如弄錯變數的類型，請按下滑鼠右鍵刪除之後，再重新建立變數。

「世代」代表目前是哪一代，最初是 1，「世代最大值」是設定程式要執行到哪一代為止。

「移動距離」是貓咪每次移動的距離。「貓咪的數量」是每一代的貓咪數量。「基因的長度」是指基因有多長。基因愈長，每一代的貓咪可以移動的總距離愈長。

「處罰」是貓咪碰到障礙物時受到的懲罰，計算與蘋果的距離時，會加上這裡設定的數值。換句話說，貓咪在朝著蘋果前進時，不要碰到障礙物比較有利。

「發生突變的機率（％）」是用百分比設定突變的機率。這裡設定成 3，所以是 3%。

### 3 建立「製造基因」積木

● 主要程式（貓咪的程式）

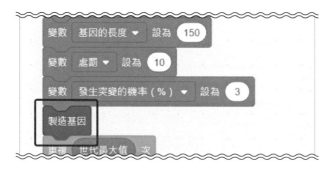

利用「函式積木」執行這種整合式處理會比較容易檢視。建立「製造基因」積木，按下「函式積木」類別的「建立一個積木」鈕，設定積木名稱，就可以新增積木。

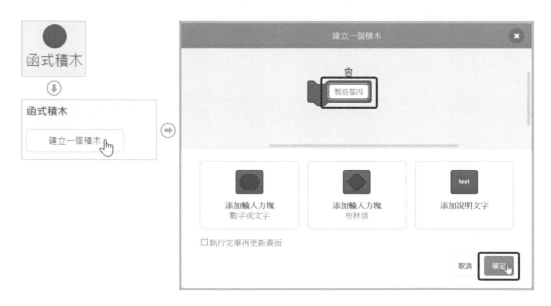

新增的「製造基因」積木內容如下所示。

## ● 主要程式（貓咪的程式）── 定義「製造基因」

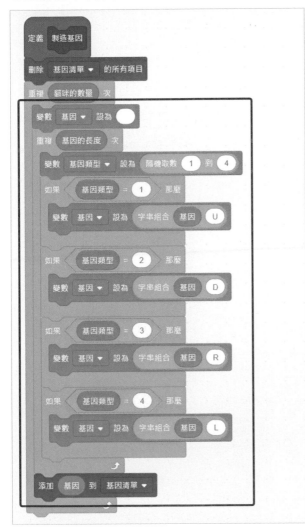

**使用的積木**

● 變數→建立一個清單→
　建立「基因清單」
　（選擇「適用於所有角色」）

● 變數→建立一個變數→
　建立「基因類型」、「基因」
　（選擇「僅適用當前角色」）

● 變數→刪除「基因清單」的所有項目

● 控制→重複「10」次

● 變數→「貓咪的數量」、「基因」、
　「基因的長度」、「基因類型」

● 變數→「…」設為「0」

● 運算→隨機取數「1」到「10」

● 控制→如果「…」那麼

● 運算→「…」＝「50」

● 運算→字串組合「apple」與
　「banana」

● 變數→添加「thing」到「基因清單」

**補充說明**

假如想使用相同的積木群組，請按下滑鼠右鍵，執行「複製」命令，或在程式區域選取積木後，使用拷貝（Ctrl+C）&貼上（Ctrl+V）快速鍵。

這裡建立了新的「基因清單」，在清單中增加相當於貓咪數量（預設值是在 **2** 設定的 100）的基因（這個程式中的清單全都以「適用於所有角色」建立）。

首先刪除「基因清單」的所有內容，反覆執行 100 次（貓咪數量）製造基因處理（用外框選取的程式部分）。

以下要說明外框選取部分進行的處理工作。

建立「基因」與「基因類型」等兩個變數（選擇「僅適用當前角色」）。在「基因」變數中，設定一隻貓的基因。首先將「基因」設定為空值（null），形成沒有輸入任何數值的狀態。請用滑鼠選取並刪除「基因設為 0」積木的「0」。

接著持續重複處理基因長度（預設值為 150）的次數。

基因的類型有四種，往上移動為 U，往下移動為 D，往右移動為 R，往左移動為 L，用 1 到 4 的亂數決定「基因類型」。

如果基因類型為 1，把「基因」變數的基因與 U 連結，若是 2，與 D 連結，若是 3 則與 R 連結，若是 4，就與 L 連結，按照基因的長度重複執行連結處理的次數。

最後在「基因清單」增加「基因」變數的值。

完成之後，請試著點擊綠旗，實際執行程式，應該可以看到在基因清單中，設定了 100 隻貓的基因（隨機連結 U、D、R、L 的字串）。

下一節「5-4 移動貓咪」將按照本節建立的基因設定來移動貓咪。

拖曳清單面板
右下方的「＝」部分
可以調整大小

接下來要編寫製造基因後，要進行哪些處理的程式。5-4 要說明下圖以外框選取的部分。

● **主要程式（貓咪的程式）**

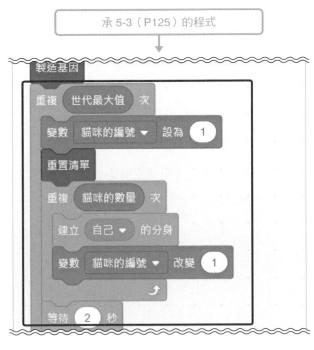

承 5-3（P125）的程式

```
製造基因

  重複 世代最大值 次

    變數 貓咪的編號 ▼ 設為 1

    重置清單

    重複 貓咪的數量 次

      建立 自己 ▼ 的分身

      變數 貓咪的編號 ▼ 改變 1

  等待 2 秒
```

**使用的積木**
- 控制→重複「10」次
- 變數→建立一個變數→
  建立「貓咪的編號」
  （選擇「僅適用當前角色」）
- 變數→「世代最大值」、「貓咪數量」
- 變數→「…」設為「0」
- 函式積木→建立一個積木→
  增加「重置清單」
- 控制→建立「自己」的分身
- 變數→「貓咪的編號」改變「1」
- 控制→等待「1」秒

實際上，會半永久重複後續的處理，直到「世代最大值」設定的數值（在 5-3 的 2 將預設值設定為 100000）。

為了區分 100 隻貓咪，建立變數「貓咪的編號」，設定「貓咪的編號」為 1 到 100，請想像成在每隻貓咪的背部貼上編號。建立變數時，請設定成「僅適用當前角色」。

以下將建立「距離清單」以及「是否撞到障礙物？」等兩個清單（兩者皆選擇「適用於所有角色」），利用新建立的「重置清單」積木重置這兩個清單。「重置清單」的內容如下所示。

● **主要程式（貓咪的程式）──定義「重置清單」**

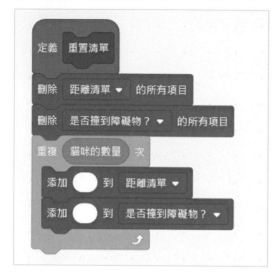

**使用的積木**

● 變數→建立一個清單→
　建立「距離清單」及「是否撞到障礙物？」
　（選擇「適用於所有角色」）
● 變數→刪除「距離清單」的
　所有項目
● 控制→重複「10」次
● 變數→「貓咪的數量」
● 變數→添加「thing」到
　「距離清單」

利用「刪除『距離清單』的所有項目」以及「刪除『是否撞到障礙物？』的所有項目」刪除清單內容後，再按照貓咪的數量，用空值（null）填在這兩個清單內。刪除「添加『thing』到『～～～清單』」積木內的「thing」。如此一來，兩個清單都重置成填入貓咪的數量，亦即 100 個空值的清單。

**補充說明**

建立變數或清單時，舞台上會顯示變數監視器與清單監視器，這個可以用來確認動作是否正確執行，如果沒有問題，可以將這些監視器隱藏起來。只要取消積木面板的變數或清單積木左邊的核取方塊即可。

## 1 建立自己的分身

請重新檢視主要程式。「重置清單」後，利用「建立『自己』的分身」來建立和貓咪數量一樣的分身。此時，「貓咪的編號」改變1。請見以下用外框選取的部分。

### ● 主要程式（貓咪的程式）

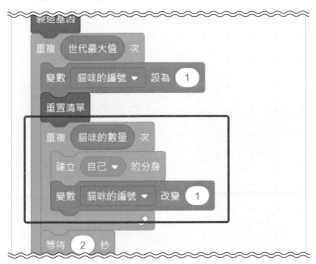

產生貓咪的分身後，在函式積木建立「移動貓咪」以及「測量與蘋果的距離」積木再組合，顯示隱藏中的貓咪，進行移動貓咪的處理，以及測量貓咪與蘋果的距離。首先要說明按照基因的設定來移動貓咪的「移動貓咪」積木。

### ● 當分身產生的程式（貓咪的程式）

**使用的積木**

- ● 控制→當分身產生
- ● 外觀→顯示
- ● 函式積木→建立一個積木→
  建立「移動貓咪」及
  「測量與蘋果的距離」
- ● 控制→等待「1」秒
- ● 控制→分身刪除

**2** 定義「移動貓咪」積木

接著要說明新定義的「移動貓咪」積木所執行處理,這個內容比較多,因此分成幾個部分來說明。

● 產生分身時的程式(貓咪的程式)——定義「移動貓咪」之一

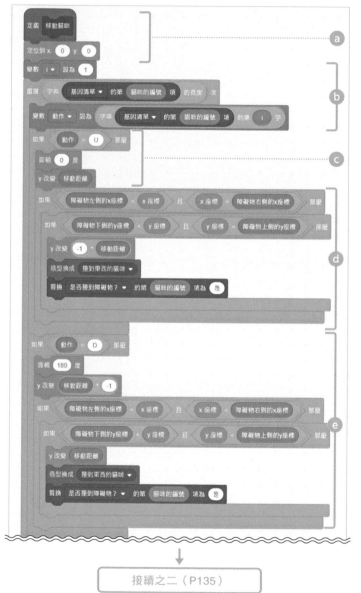

**使用的積木**

● 變數→建立一個變數→
建立「i」與「動作」
(選擇「僅使用當前角色」)

● 變數→建立一個變數→
建立「障礙物左側的 x 座標」、
「障礙物右側的 x 座標」、
「障礙物下側的 y 座標」、
「障礙物上側的 y 座標」
(選擇「適用於所有角色」)

● 變數→「貓咪的編號」、「i」、
「動作」、「移動距離」、
「障礙物左側的 x 座標」、
「障礙物右側的 x 座標」、
「障礙物下側的 y 座標」、
「障礙物上側的 y 座標」

● 動作→定位到 x:「…」y:「…」

● 變數→「…」設為「0」

● 控制→重複「10」次

● 運算→字串「apple」的長度

● 變數→
「基因清單」的第「…」項

● 運算→
字串「apple」的第「1」字

● 控制→如果「…」那麼「…」

● 運算→「…」=「50」

● 動作→面朝「90」度

● 動作→ y 改變「10」

● 動作→ x 座標

● 動作→ y 座標

● 運算→「…」且「…」

● 運算→「…」<「50」

● 運算→「…」*「…」

● 外觀→
造型換成「撞到東西的貓咪」

● 變數→替換「是否撞到障礙
物?」的第「1」項為「thing」

接續之二(P135)

一開始先利用「定位到 x：0、y：0」，讓貓咪分身移動到舞台中央，從這裡開始移動。

接下來的部分有點複雜。

首先建立設定為「僅使用當前角色」的變數「i」，並且設為 1。把反覆加 1 的變數命名為「i」是程式設計界的慣例。

接著要說明「基因清單」的第「貓咪的編號」項的基因，這是才剛複製出來的貓咪基因。

接著在重複的積木中，從頭開始，按照順序在「動作」變數放入產生分身後的貓咪基因 DUUDRLU⋯⋯等字串。

重複的次數是「『基因清單』的第『貓咪的編號』項的長度」。在重複執行的積木最後逐一改變 i（這個部分將在 P135 定義「移動貓咪」之二說明），因此 i 會按照 1、2、3⋯⋯的順序逐漸增加。透過輸入基因的第 i 項字串，基因的字串會依序輸入「動作」之中，「動作」變數設定為「僅使用當前角色」。

接著「動作」如果是 U，往上移動貓咪，「面朝 0 度」，亦即貓咪往上，「移動距離」只改變 y 座標。

利用 3 説明過，含有障礙物上下 y 座標及左右 x 座標的變數，讓貓咪撞到障礙物時，往反方向移動，避免繼續撞到障礙物（以下用外框選取的部分）。變數「障礙物左側的 x 座標」、「障礙物右側的 x 座標」、「障礙物下側的 y 座標」、「障礙物上側的 y 座標」皆設定為「適用於所有角色」。

我們把撞到障礙物的貓咪外型更改成「撞到東西的貓咪」（紅色的貓咪），所以可以瞭解是哪隻貓咪撞到障礙物。

撞到障礙物的貓咪在計算與蘋果的距離時，會加上處罰，因此「是否撞到障礙物」的第「貓咪的編號」項為「是」，可以得知哪隻貓咪曾撞到障礙物。

以上是「動作」為 U 時執行的處理。接著要製作當「動作」為 D 時，亦即往下移動貓咪時的處理。只有方向相反，執行的內容與往上移動貓咪幾乎一樣，因此拷貝以「如果『動作』＝ U」包圍的積木，調整不同的部分，就能輕鬆完成程式。

請仔細對照下圖，建立正確的積木。

接著是「動作」為 R 與 L 的情況。由於移動貓咪的方向相反,所以要改變的是 x 座標
而不是 y 座標。除此之外,其餘部分與 U、D 幾乎一樣。

### ● 產生分身時的程式(貓咪的程式)──定義「移動貓咪」之二

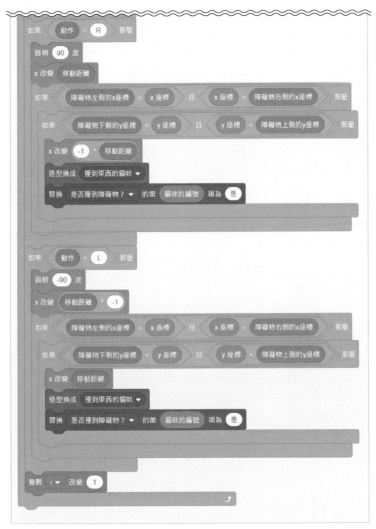

| 使用的積木 |
| --- |
| ● 變數→<br>「貓咪的編號」、「i」、<br>「動作」、「移動距離」、<br>「障礙物左側的 x 座標」、<br>「障礙物右側的 x 座標」、<br>「障礙物下側的 y 座標」、<br>「障礙物上側的 y 座標」 |
| ● 控制→<br>如果「…」那麼「…」 |
| ● 運算→「…」=「50」 |
| ● 動作→面朝「90」度 |
| ● 動作→ x 改變「10」 |
| ● 動作→ x 座標 |
| ● 動作→ y 座標 |
| ● 運算→「…」且「…」 |
| ● 運算→「…」<「50」 |
| ● 運算→「…」*「…」 |
| ● 外觀→造型換成<br>「撞到東西的貓咪」 |
| ● 變數→替換<br>「是否撞到障礙物?」的<br>第「1」項為「thing」 |
| ● 變數→<br>變數「i」改變「1」 |

前面說明過,重複執行的最後是讓 i 改變 1,再回到開頭,讀取基因的下個字串,決定
貓咪接下來的動作。

讀取基因最初到最後的字串,讓每個分身可以按照基因顯示的結果,進行一連串的
動作。

以下將說明 **2** 途中出現的「障礙物」程式。建立新角色,繪製出障礙物。這是用筆畫線的角色,所以造型空白也沒關係(請參考下一頁「無造型的角色設定方法」)。請先將角色的名稱改為「障礙物」。

按一下左下方的「添加擴展」,新增「畫筆」功能,就可以使用畫筆積木。你可以選擇任何顏色的畫筆,這個範例選擇了橘色。

● **障礙物的程式**

> **使用的積木**
> ● 事件→當綠旗被點擊
> ● 控制→等待「1」秒
> ● 變數→「⋯」設為「0」
> ● 動作→
> 　定位到 x:「⋯」y:「⋯」
> ● 變數→
> 　「障礙物左側的 x 座標」、
> 　「障礙物右側的 x 座標」、
> 　「障礙物下側的 y 座標」、
> 　「障礙物上側的 y 座標」
> ● 畫筆→筆跡顏色設為「⋯」
> ● 畫筆→下筆

點擊綠旗,開始執行程式後,會在各個變數設定障礙物上下左右的座標,用橘色畫筆以直線連接四邊,在舞台上繪出長方形障礙物。出現在舞台上的障礙物如右圖所示。只要貓咪會不斷隨機移動,碰到障礙物會變成紅色即可。假如貓咪的動作不正常,請調整 **2** 的程式。

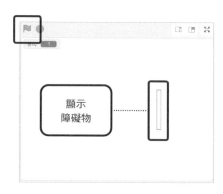

## ▶ 無造型的角色設定方法

在右下方的選單中，執行「繪畫」命令。

「造型」標籤不用繪製任何東西，只要在「程式」標籤開始組合積木即可。

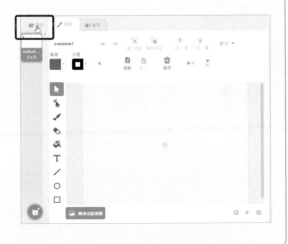

**4** 測量與蘋果的距離

建立新的「蘋果」角色，製作顯示蘋果的程式。請從「選個角色」中，選擇「Apple」角色，角色名稱更改為「蘋果」。

點擊綠旗後，在 x 座標 220、y 座標 0 放置蘋果，大小設定為 30%。

### ● 蘋果的程式

**使用的積木**

● 事件→當綠旗被點擊

● 動作→定位到 x：「⋯」y：「⋯」

● 外觀→尺寸設為「100」%

當貓咪停止移動後，測量與蘋果的距離。調查與蘋果的距離，可以瞭解貓咪達成目標（適應度）的程度（詳細說明請見 P140）。在「當分身產生」積木後面加上以下部分。

● **當分身產生的程式（貓咪的程式）**

新定義的「測量與蘋果的距離」積木內容如下所示。

● **當分身產生的程式（貓咪的程式）──定義「測量與蘋果的距離」**

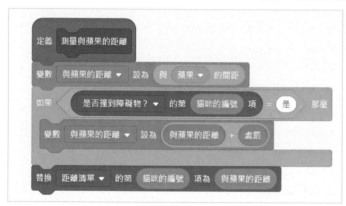

使用的積木

● 變數→建立一個變數→
　建立「與蘋果的距離」
　（選擇「僅適用當前角色」）
● 變數→「⋯」設為「0」
● 偵測→與「鼠標」的間距
● 控制→如果「⋯」那麼

● 運算→「⋯」＝「50」
● 變數→「是否撞到障礙物？」的第「1」項
● 運算→「⋯」＋「⋯」
● 變數→「貓咪的編號」、「與蘋果的距離」、「處罰」
● 變數→替換「距離清單」的第「1」項為「thing」

在「偵測」類別的「與『蘋果』的間距」積木中，可以得到與「蘋果」角色的距離，所以將這個數值輸入變數「與蘋果的距離」。請以「僅適用當前角色」建立變數「與蘋果的距離」。

如果貓咪撞到障礙物，會在與蘋果的距離加上「處罰」設定的數值（在 5-3 的 **2** 將預設值設定為 10）。貓咪是否撞到障礙物，可以從「是否撞到障礙物？」的第「貓咪的編號」是否為「是」得知。

接著在「距離清單」的第「貓咪的編號」項輸入「與蘋果的距離」。

請點擊綠旗，執行看看。結果會在「距離清單」中，不斷輸入結束動作的貓咪與蘋果的距離。

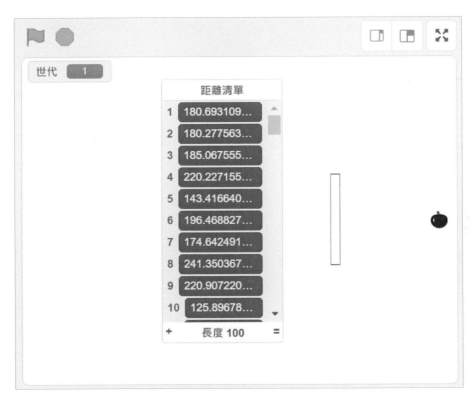

# 結束動作後，計算所有貓咪的平均距離

回到主要的處理部分。

每一代的 100 隻貓咪分身全部結束動作，填入「距離清單」需要花一點時間，為了保險起見，請等待 2 秒，再計算所有貓咪與蘋果的平均距離。

這裡的「平均距離」是指貓咪多接近蘋果，代表這次的目標達成率。在遺傳演算法中，這種指標是指與環境的適合程度，稱作「適應度」。

● 主要程式（貓咪的程式）

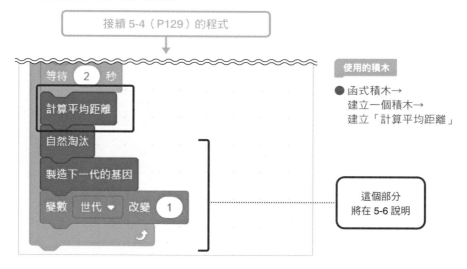

接續 5-4（P129）的程式

等待 2 秒
計算平均距離
自然淘汰
製造下一代的基因
變數 世代 ▾ 改變 1

**使用的積木**

● 函式積木→
　建立一個積木→
　建立「計算平均距離」

這個部分將在 5-6 說明

新定義「計算平均距離」積木的內容如下所示。

## ● 主要程式（貓咪的程式）── 定義「計算平均距離」

使用的積木

● 變數→
建立一個變數→建立
「總距離」、「平均變數」
（選擇「適用於所有角色」）

● 變數→「…」設為「0」

● 變數→「總距離」、
「i」、「貓咪的數量」、
「平均距離」

● 控制→重複「10」次

● 運算→「…」+「…」

● 變數→
「距離清單」的第「1」項

● 變數→變數「i」改變「1」

● 運算→「…」/「…」

這裡新增的變數是「總距離」與「平均距離」，請將兩者設定為「適用於所有角色」。變數「總距離」請先設定為 0，i 從 1 開始，直到貓咪的數量 100 為止，並從「距離清單」陸續取出 5-4 的 **4** 計算的貓咪與蘋果的距離再相加。i 是重複利用 P133 建立的變數。由於結束「移動貓咪」後，才執行「計算平均距離」，所以能使用相同變數。最後用「貓咪的數量」除以「總距離」，計算這一代的平均距離，並設定在變數「平均距離」中。

請點擊綠旗，執行到目前為止的程式。勾選變數「總距離」及「平均距離」的核取方塊，在舞台上顯示這些數值。請確認「總距離」約 23,000，「平均距離」約 230。

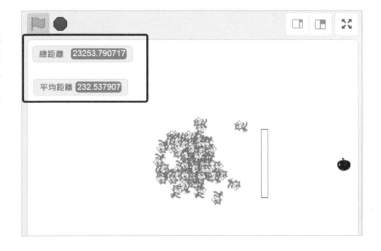

總距離　23253.790717

平均距離　232.537907

到目前為止，一個世代的 100 隻貓咪皆按照基因的設定來移動，然後分別計算與蘋果的距離，求出平均距離。

接下來終於要開始進行模擬生物演化的遺傳演算法。

首先是「自然淘汰」。

● **主要程式（貓咪的程式）**

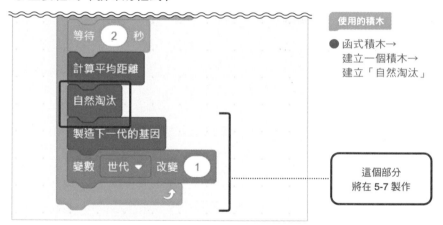

使用的積木

● 函式積木→
　建立一個積木→
　建立「自然淘汰」

這個部分
將在 **5-7** 製作

新定義的「自然淘汰」積木內容如下所示。

### ● 主要程式（貓咪的程式）── 定義「自然淘汰」

**使用的積木**

- ● 變數→建立一個清單→
  建立「交配池」
  （選擇「適用於所有角色」）
- ● 變數→
  刪除「交配池」的所有項目
- ● 變數→「⋯」設為「0」
- ● 控制→重複「10」次
- ● 變數→「貓咪的數量」、
  「平均距離」、「i」
- ● 控制→
  如果「⋯」那麼／否則
- ● 運算→「⋯」＞「50」
- ● 變數→
  「距離清單」的第「1」項
- ● 變數→添加
  「thing」的到「交配池」
- ● 控制→如果「⋯」那麼
- ● 運算→「⋯」＝「50」
- ● 運算→
  隨機取數「1」到「10」
- ● 變數→變數「i」改變「1」

製造下一代的基因時，要以「適用於所有角色」準備新的「交配池」清單，放入當作父母的候選基因，並先清空所有內容。

接著從 1 開始到貓咪的數量 100 為止，一邊改變變數 i，一邊從「距離清單」取出每隻貓咪與蘋果的距離，並與「平均距離」做比較。

以下要說明自然淘汰的規則。遺傳演算法的自然淘汰包含了各種方法，例如率先想到的就是只保留優秀的基因，也就是接近蘋果的貓咪基因，這種方法稱作「菁英選擇」。

另外，還有給成績差的貓咪一個機會的方法，那就是準備按照與蘋果的距離，改變選擇機率的輪盤（離蘋果愈近的貓咪，面積愈大），再旋轉輪盤決定是否淘汰的「輪盤法」。與「菁英選擇」相比，「輪盤法」不會喪失基因的多樣性。因此比較可能從各種類型的基因中，選出最優秀的基因，這次我們用類似的方法來進行自然淘汰。

請檢視 Scratch 的程式「重複『貓咪的數量』」。無條件選出與蘋果的距離比平均距離近的貓咪，並且增加到「交配池」清單中。比平均距離遠的貓咪只在「隨機取數 1 到2」為 1 時，才會加入「交配池」。換句話說，選中的機率為 1/2。

當比平均距離遠以及近的貓咪正好各占一半時，從交配池中選擇基因就像輪盤遊戲一樣，距離近的貓咪贏的可能性會是距離遠的貓咪的兩倍，如下圖所示。

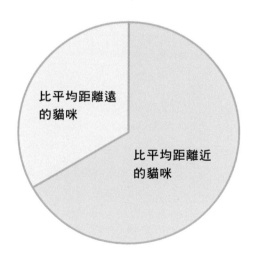

針對所有貓咪的基因，決定好是否加入「交配池」清單的選擇後，就完成「自然淘汰」的流程。實際點擊綠旗執行後，請確認在「交配池」清單中，選擇的基因數量少於貓咪的數量（約 75 左右）。

接著從含有這些基因的「交配池」中，選出父代與母代的基因，交配之後，產生新的基因。

# 5-7 用父代與母代基因 製造下一代的基因

完成「自然淘汰」後，接著要「製造下一代的基因」（外框內的部分）。

● 主要程式（貓咪的程式）

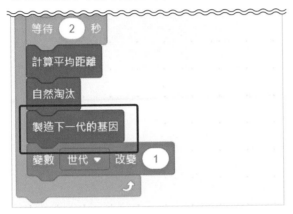

使用的積木

● 函式積木→
  建立一個積木→
  建立「製造下一代的基因」

新定義的「製造下一代的基因」積木內容如下所示。

## ● 主要程式（貓咪的程式）——定義「製造下一代的基因」

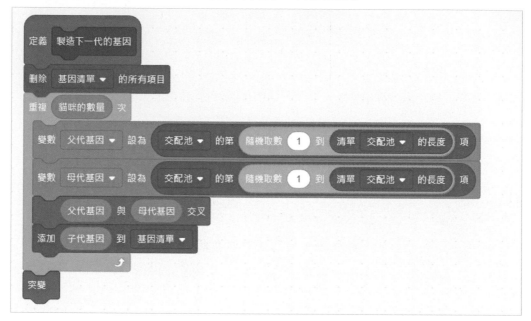

● 變數→建立一個變數→
　建立「父代基因」、「母代基因」、
　「子代基因」（選擇「僅適用當前角色」）

● 變數→刪除「基因清單」的所有項目

● 控制→重複「10」次

● 變數→「貓咪的數量」、「父代基因」、
　「母代基因」、「子代基因」

● 變數→變數「…」設為「0」

● 變數→「交配池」的第「1」項

● 運算→隨機取數「1」到「10」

● 變數→「交配池」的長度

● 函式積木→建立一個積木→
　建立「『…』與『…』交叉」、「突變」

● 變數→添加「thing」到「基因清單」

首先利用「刪除『基因清單』的所有項目」清空清單。

接著根據「貓咪的數量」製造子代基因，並增加至「基因清單」。子代基因是在相同位置切斷父代基因與母代基因，取代其中一部分的「交叉」方法所產生的。這個部分的處理是把「父代基因」與「母代基因」當作引數，在「『父代基因』與『母代基因』交叉」積木內進行。

分別從「交配池」清單中，選出第「1到『交配池長度』為止的亂數」，隨機挑選出父代基因與母代基因。這就像是旋轉 P144 提到的輪盤，選出一個數值。

此時，可能會發生超出現實世界的情況，例如出現重複被挑中的基因，或第一次被選為父代基因，第二次被選為母代基因。遺傳演算法只是模仿生物，不需要模仿得一模一樣，所以這樣就可以了。

接下來要說明新定義的「『父代基因』與『母代基因』交叉」積木內容。

### ▶ 定義含有引數的積木

這次要建立「（父代基因）與「母代基因」交叉」積木。( )部分是引數，利用以下方式可以建立含引數的積木。

按下「函式積木」類別的「建立一個積木」鈕，開啟建立積木的視窗，積木圖示的下方有三個按鈕，利用這些按鈕，可以新增引數或積木的標籤文字。

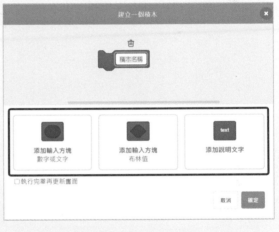

我們不需要使用第一項，卻無法直接刪除，請先按下左邊的「添加輸入方塊」鈕，新增數值或文字，當作「父代基因」。

選取最先出現的「積木名稱」項目，再按下出現
在上方的垃圾桶圖示，刪除該項目。

使用右邊的「添加說明文字」鈕，加上文字
「與」，然後按下「添加輸入方塊」鈕，新增
「母代基因」，最後再使用「添加說明文字」
鈕，加上「交叉」二字。

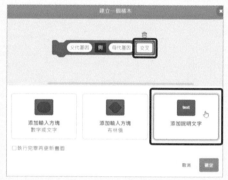

按下「確定」鈕，就會在程式區域出現新定義的積木。

函式積木的引數部分，用法和圓形積木的變數一樣。下圖執行「（A）與（B）交叉」時，父
代基因放入 A，母代基因放入 B，就可以在定義的積木中使用這些值。

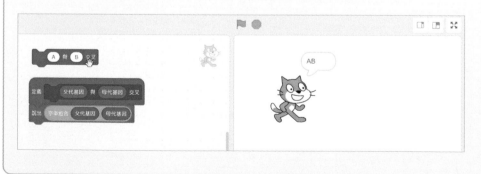

148

● 主要程式（貓咪的程式）──「製造下一代的基因」
　　──定義「父代基因與母代基因交叉」

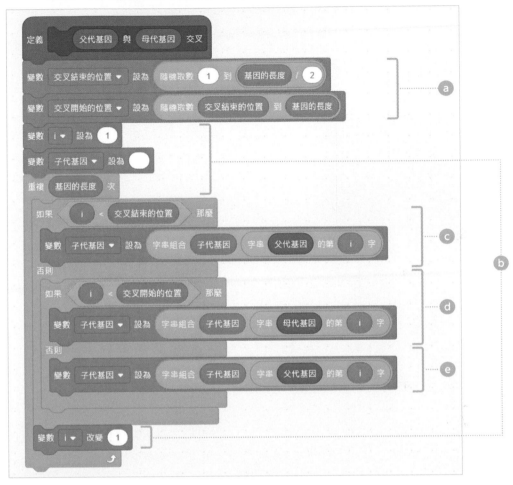

5
章

進階篇
──
用遺傳演算法讓貓咪的動作進化

**使用的積木**

● 變數→建立一個變數→建立
　「交叉開始的位置」、「交叉結束的位置」
　（選擇「僅適用當前角色」）

● 變數→「…」設為「0」

● 運算→隨機取數「1」到「10」

● 運算→「…」/「…」

● 變數→「交叉開始的位置」、
　「交叉結束的位置」、「基因的長度」、
　「i」、「子代基因」

● 控制→重複「10」次

● 控制→如果「…」那麼／否則

● 運算→「…」<「50」

● 演算→字串組合「apple」「banana」

● 演算→字串「apple」的第「1」字

● 變數→變數「i」改變「1」

● 定義的變數（從 P148 定義的開始積木取出）→
　「父代基因」、「母代基因」

「子代基因」是由「父代基因」與「母代基因」交叉產生的。交叉方法有幾種，以下選擇了決定兩個交叉點，取代正中央部分的「兩點交叉法」[*]。

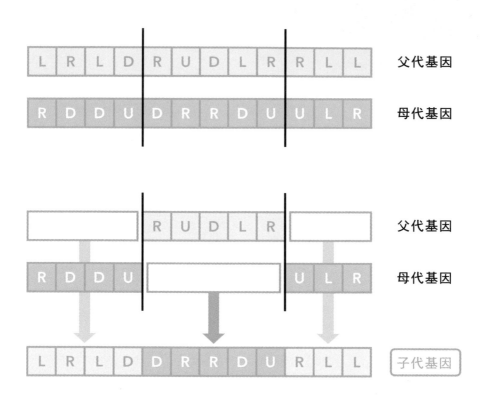

首先以「僅適用當前角色」建立「交叉開始的位置」及「交叉結束的位置」變數。決定兩個交叉點，然後分別放入「交叉開始的位置」與「交叉結束的位置」變數（圖中的 ⓐ 部分）。最初的交叉點是利用「隨機取數『1』到『基因的長度 /2』」，隨機決定基因的前半部分。第二個交叉點是以「隨機取數『交叉結束的位置』到『基因的長度』」，決定第一交叉點之後到基因最後的某個地方為止。

決定兩個交叉點之後，清空「子代基因」，讓變數 i（這是重複用的變數，所以這裡再次使用）從 1 開始變化至「基因的長度」為止，同時透過「兩點交叉」產生「子代基因」（圖中的 ⓑ 部分）。

＊注：關於交叉的説明，請參考以下網頁內容。
　　　https://www.sist.ac.jp/~kanakubo/research/evolutionary_computing/ga_operators.html

如果變數 i 小於「交叉開始的位置」，亦即抵達交叉開始的位置，就會按照「父代基因」的排列產生「子代基因」。這就是在「子代基因」中，與前面的「子代基因」連接「『父代基因』的第 i 個文字」部分（圖中的 ⓒ 部分）。

接著「交叉開始的位置」到「交叉結束的位置」連接「母代基因」（圖中的 ⓓ 部分）。超過「交叉結束的位置」，再次連接「父代基因」（圖中的 ⓔ 部分）。如此一來，就產生了在兩個交叉點之間夾著「母代基因」，其他為「父代基因」的「子代基因」。

**2** 「『父代基因』與『母代基因』交叉」積木之後的處理

這樣就完成一個「子代基因」。完成的「子代基因」可以透過以下程式中的紅框部分來增加至「基因清單」。

● 主要程式（貓咪的程式）—— 定義「製造下一代的基因」

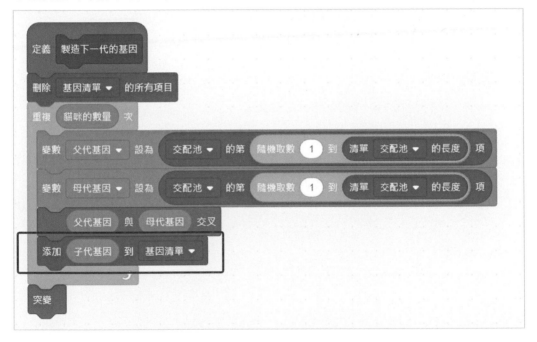

之後會發生 5-8 要說明的「突變」（新定義的積木內容請參考 5-8）。

這樣就完成了一個世代的處理。回到主程式，最後利用「世代改變 1」讓世代值加 1，下一代的貓咪就會從 5-4 之後的程式開始執行。

● 主要程式（貓咪的程式）

補充說明

如果之後想搜尋積木的位置，瀏覽器的搜尋功能就能派上用場。Scratch 的積木說明會辨識成文字，比方說搜尋「製造下一代的基因」，就能輕易找到。和一般網頁搜尋不同的是，無法捲動到該地，不過會以強調方式顯示搜尋結果，因此縮小程式區域，就能立刻找到該部分。

當積木彼此重疊時，在程式區域的空白處按下滑鼠右鍵，執行「整理積木」命令，就能讓積木垂直排成一行，不會重疊。

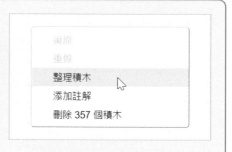

## 5-8　發生突變

執行到目前為止的程式，貓咪會一代比一代更接近蘋果吧！

可是，有時某一代的貓咪可能會往遠離蘋果的方向前進，發生把朝著錯誤方向前進的基因資料傳到下一代的情況，使得貓咪停止進化。

為了防範這種情況，加入了自然界會發生「突變」的想法，故意製造一隻「怪咖」貓，當其他貓咪朝著相同方向前進時，牠卻往完全相反的方向移動。這隻偶然挑戰新方向的貓咪如果成功了，牠的基因就會傳給下一代。

突變是在 5-7 介紹「製造下一代的基因」處理中，讓父代基因與母代基因交叉，產生子代基因後發生（程式中以外框顯示的部分）。

● 主要程式（貓咪的程式）── 定義「製造下一代的基因」

新定義的「突變」積木內容如下所示。以「僅適用當前角色」建立變數「j」，j 也是反覆加 1 的變數慣用名稱，當要和變數 i 一起使用時，就會選擇它。

● **主要程式（貓咪的程式）——「製造下一代的基因」——定義「突變」**

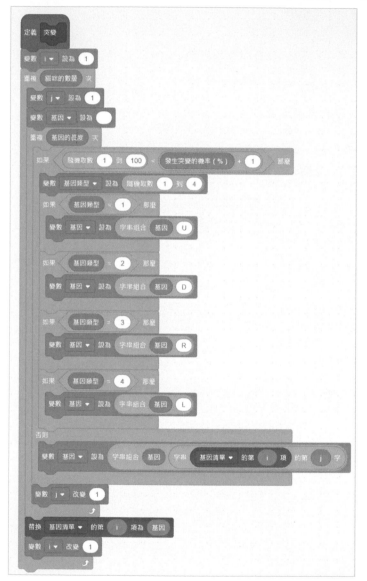

**使用的積木**

● 變數→
建立一個變數→
建立「j」
（選擇「僅適用當前角色」）

● 變數→
「…」設為「0」

● 控制→重複「10」次

● 變數→
「貓咪的數量」、「i」、
「基因」、「基因類型」、
「基因的長度」、
「發生突變的機率（%）」

● 控制→
如果「…」那麼／否則

● 運算→「…」<「50」

● 運算→
隨機取數「1」到「10」

● 運算→「…」+「…」

● 控制→如果「…」那麼

● 運算→「…」=「50」

● 運算→
字串組合「apple」
「banana」

● 運算→
字串「apple」的第「1」字

● 變數→
「基因清單」的第「1」項

● 變數→變數「j」改變「1」

● 變數→
替換「基因清單」的第「i」
項為「thing」

154

這裡再次取出在「基因清單」內的基因，按照該字串的每個字母，以「發生突變的機率（％）」設定（預設值是 5-3 的 2 設定的 3%）隨機取代基因。

外側的重複處理是讓變數 i 從 1 開始變化至「貓咪的數量」，操作「基因清單」的第 i 個基因。

內側的重複處理是準備變數 j，清空變數「基因」，讓 j 從 1 開始變化至「基因的長度」，操作第 i 個基因字串的第一個字母到「基因的長度」，亦即字串的最後為止。

產生「1 到 100 的亂數」，如果比「發生突變的機率（％）+1」（Scratch 不使用 ≦ 而是使用 ＜，所以加 1）小，就產生突變。

發生突變時，把「1 到 4 的亂數」當作隨機的「基因類型」，1 到 4 分別對應 U、D、R、L。

如果沒有發生突變，就直接把「基因清單的第 i 個基因的第 j 個字母」設定成「基因」，所以在這種情況下，沒有任何改變。

最後用突變後的「基因」取代「基因清單」的第 i 個基因，然後回到清單。

這就是「突變」的結構。

以上就完成了執行遺傳演算法，朝著蘋果前進的貓咪程式。

為了將貓咪隨著世代逐漸演化的狀態視覺化，以下把世代設定為 x 軸，把當作適應度的平均距離設定為 y 軸，繪製出圖表。

首先使用擴充功能「畫筆」繪製圖表的 x 軸與 y 軸。準備新的角色，和 5-4 的 **3** 建立的障礙物角色一樣，造型可以空白。程式如下所示，請先把角色名稱改為「圖表」。

● **圖表的程式**

**使用的積木**

- ● 事件→當綠旗被點擊
- ● 畫筆→筆跡全部清除
- ● 控制→等待「1」秒
- ● 畫筆→停筆
- ● 畫筆→筆跡顏色設為「⋯」
- ● 偵測→定位到 x：「⋯」y：「⋯」
- ● 畫筆→停筆

首先設定 x 座標：-200、y 座標：-170 當作圖表的原點，然後將原點與 x 座標：-200、y 座標：-70 相連，畫出 y 軸，再次將原點與 x 座標：200、y 座標：-170 相連，畫出 x 軸。

以下是把隨著世代傳承而縮小平均距離的狀態繪製成圖表的程式，線條設定為藍色。

### ● 圖表的程式

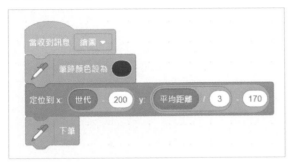

**使用的積木**
- 事件→當收到訊息「繪圖」
- 畫筆→筆跡顏色設為「…」
- 偵測→定位到 x：「…」y：「…」
- 演算→「…」-「…」
- 演算→「…」/「…」
- 變數→「世代」、「平均距離」
- 畫筆→下筆

按下「當收到訊息『message1』」積木 message1 旁邊的▼，選擇「新的訊息」，建立「繪圖」訊息。

世代為 x 值，平均距離為 y 值，但是直接採用，y 會過長，所以除以 3，把值縮小。下筆位置是 x 座標：-200＋世代，y 座標：-170＋（平均距離 /3）（改變算式的順序，變成程式後，結果如上圖）。

由於要使用訊息來執行，所以產生平均距離後，別忘了加上「廣播訊息『繪圖』」積木（下圖程式中用外框顯示的部分）。

### ● 主要程式（貓咪的程式）── 定義「計算平均距離」

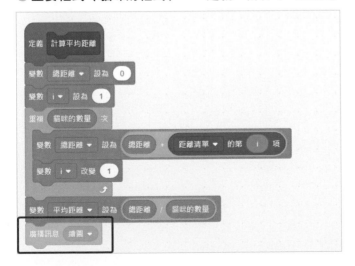

**使用的積木**
- 事件→廣播訊息「繪圖」

執行程式後，就能用圖表確認隨著世代演化，與蘋果的平均距離逐漸縮小的狀態。

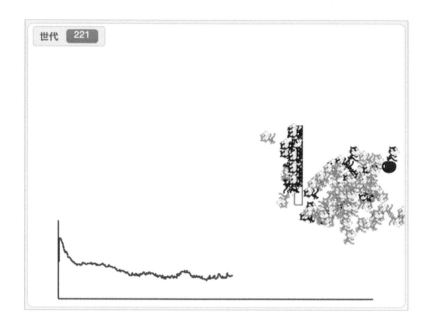

以上是按照 Scratch 的程式，檢視遺傳演算法的執行狀態。這樣你應該大致瞭解遺傳演算法了吧？

請自行調整變數，或試著混和改造，演化的狀態就會變得不一樣，十分有趣。

比方說，在程式開始時，加重碰到障礙物的「處罰」，並試著執行程式看看？但是處罰太重，往蘋果方向前進的貓咪基因很難傳到下一代，導致無法抵達蘋果的位置。因為當風險過大時，不畏風險，勇敢往蘋果方向前進的貓咪會滅絕。

原本我們把「發生突變的機率」設定為 3%，如果變成 0，亦即完全不會發生突變時，結果會如何？此時，世代順利演化，所有貓咪的動作都一樣，而且勉強避開了障礙物。儘管這可能是最佳動作，但是真正的生物卻不會這樣。

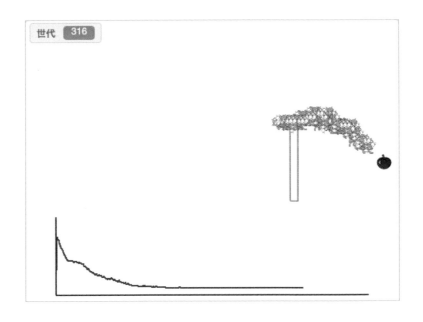

話雖如此，「發生突變的機率」太高，會變成隨機移動而無法抵達蘋果的位置。

我們在「自然淘汰」的淘汰方法中，採用了簡易的「輪盤法」，使用其他方法進行自然淘汰，或許貓咪的演化會更有效率。

「從父代基因與母代基因製造子代基因」時，採用了「兩點交叉法」，如果改用其他的交叉法會如何？

像這樣自行設計、調整演化方法，可能會覺得自己好像是神。

● **世代演變**

我們實際執行了第五章的程式，記錄到第 100 代的結果變化。

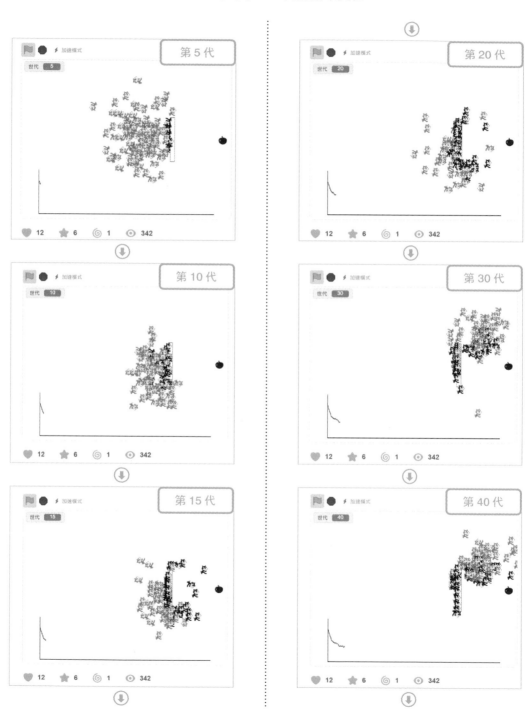

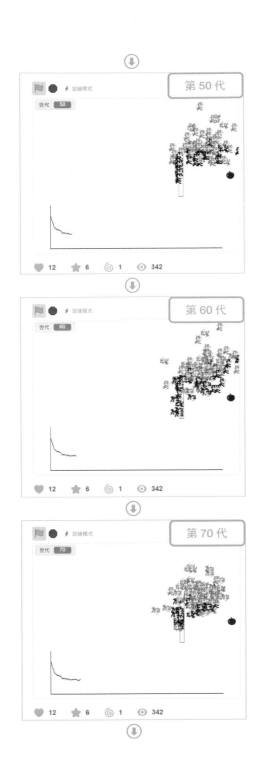

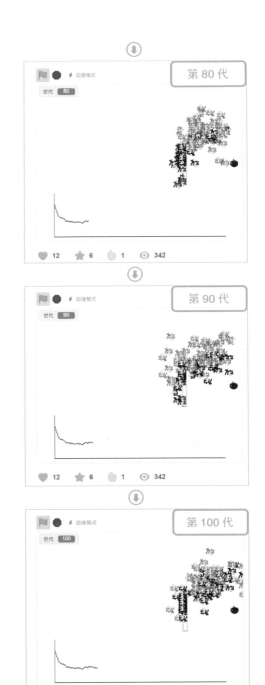

● 完成的程式

貓咪的程式

「主要程式」

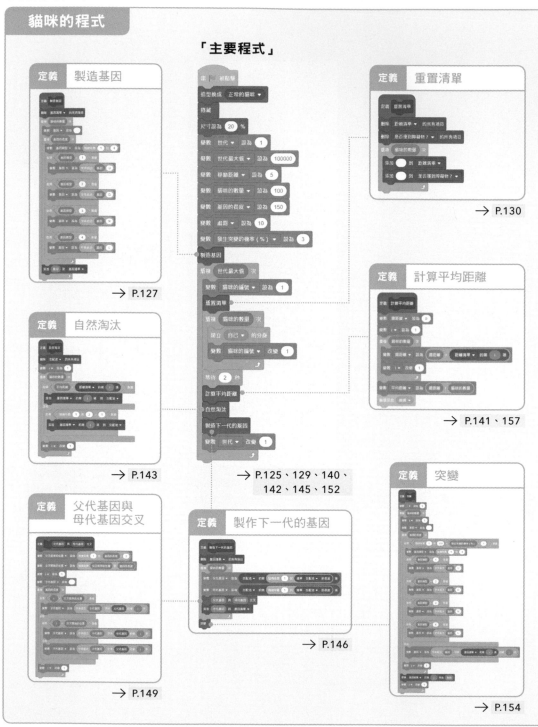

定義　製造基因
→ P.127

定義　自然淘汰
→ P.143

定義　父代基因與
母代基因交叉
→ P.149

定義　重置清單
→ P.130

定義　計算平均距離
→ P.141、157

定義　製作下一代的基因
→ P.146

定義　突變
→ P.154

→ P.125、129、140、
142、145、152

## 「當分身產生」

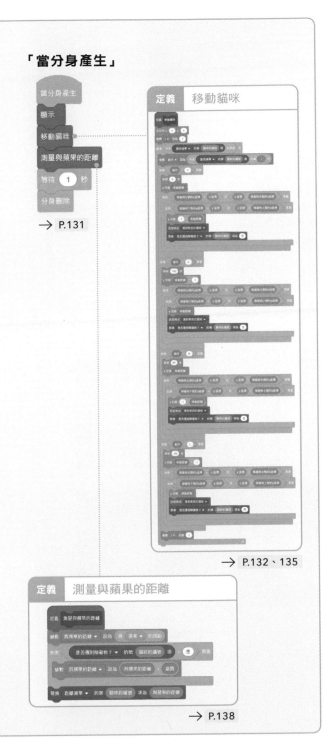

→ P.131

→ P.132、135

→ P.138

→ P.131

## 障礙物的程式

→ P.136

## 蘋果的程式

→ P.137

## 圖表的程式

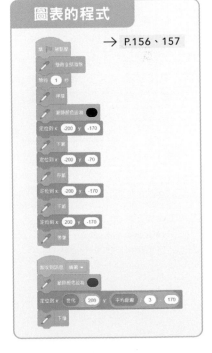

→ P.156、157

5
章

進階篇

用遺傳演算法讓貓咪的動作進化

# 搭配擴充功能，拓展運用範圍

本書在 ML 2 Scratch、TM 2 Scratch 搭配使用了「畫筆」及「聲音合成」等擴充功能，其實若要運用其他擴充功能也十分簡單。

例 如，使 用「micro:bit」擴 充 功 能。在 第 三 章 製 作 的 程 式 中，除 了 利 用 PoseNet2Scratch 推測身體位置的數值，也能運用 micro:bit 的加速度感測器讀取傾斜值。另外，運用「LEGO Education WeDo 2.0」擴充功能，可以製作出更高階的程式，比方說透過 ML2Scratch 的影像辨識來推測移動中的機器人位置。

本書介紹的客製化 Scratch 除了機器學習之外，還能隨時加入、使用其他人開發的特殊擴充功能，如「micro:bit MORE」、「PaSoRich」、「QR Code」等。

請以每個人都能輕易使用的 Scratch 為目標，搭配最新技術，試著發明出讓人為之驚豔的程式。

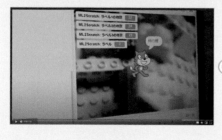 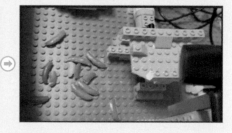

我們組合了 ML2Scratch 與 WeDo，製作出一台能將柿種米果分成柿種與花生的機器，請見以下影片：
https://youtu.be/yyyth4b9aZ4

附錄

—

# 使用了其他擴充功能的
# 機器學習

—

除了 ML2Scratch、TM2Scratch、PoseNet2Scratch
之外,還有其他能使用機器學習結構的擴充功能。以
下要介紹運用了這些擴充功能的語音翻譯機程式,以
及能更仔細辨識手指、臉部的程式。此外,還會說明
Scratch 的專用擴充功能作法。

# A-1　用 Scratch 製作語音翻譯

隨著以聲控方式「播放○○的歌曲」，或操作家電的智慧音箱出現，還有把說話的內容翻譯成各國語言的小型語音翻譯機問世，使得語音辨識技術變得隨處可見，這種語音辨識技術也運用了機器學習。

以下將組合可以把輸入文字唸出來的 Scratch 官方擴充功能「文字轉語音」、能翻譯成各國語言的「翻譯」、以及把說話的內容轉換成文字的特殊擴充功能「Speech2Scratch」，製作成語音翻譯機。

使用 Chrome 開啟客製化的特殊 Scratch，接著開啟「選擇擴充功能」畫面，選取「Speech2Scratch」。

**客製化 Scratch**
https://stretch3.github.io/

接著再增加「文字轉語音」及「翻譯」擴充功能。

建立以下程式碼。

按下空白鍵後執行程式，語言設定成「英文」，開始進行語音辨識。執行「音声認識開始（開始辨識聲音）」積木＊，形成持續辨識聲音的狀態，等待 5 秒之後，將辨識的內容翻譯成英文，並且透過文字轉語音，把內容唸出來。

**使用的積木**

● 事件→當「空白」鍵被按下
● 文字轉語音→語言設為「中文」
● Speech2Scratch →音声認識開始
　（開始辨識聲音）

● 控制→等待「1」秒
● 文字轉語音→唸出「hello」
● 翻譯→文字「hello」翻譯成「⋯文」
● Speech2Scratch →音声（聲音）

＊譯注：由於這是用日文寫成的擴充功能，故積木名稱顯示為日文。

請按下空白鍵。剛開始會顯示要求同意使用麥克風的對話視窗，請按下「允許」鈕。

按下空白鍵之後，會把對麥克風說話的內容翻譯成英文唸出來。以下是試用的影片。

**speech2scratch 的示範**
https://www.youtube.com/watch?v=5T_rWqqu1I4

只要妥善運用擴充功能，就能輕鬆製作出語音翻譯機。請利用語音辨識及文字轉語音功能，創造出你的原創智慧音箱吧！

我們在第三章體驗過用 PoseNet2Scratch 辨識臉孔及身體各個部位。假如想更仔細辨識手指或臉孔，可以使用其他擴充功能。

### 1 Handpose2Scratch 能仔細辨識手指

使用「Handpose2Scratch」可以辨識從拇指到小指共 21 個位置，製作出能判斷豎起幾根手指，或手掌是張開或握拳的程式，藉此設計出用手勢操縱的遊戲、辨識手語的程式。

開啟客製化 Scratch，在「選擇擴充功能」畫面選取「Handpose2Scratch」，就可以使用該功能。

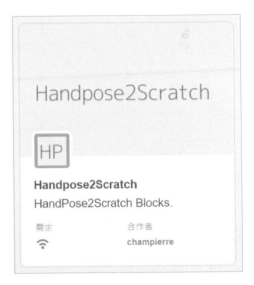

＊注：用 Handpose 2Scratch 或 Facemesh 2Scratch 製作的程式，處理量較大，需要使用效能較好的電腦才能順利執行。

附錄

使用了其他擴充功能的機器學習

選取 Handpose2Scratch 的擴充功能時，會下載已經學習完畢的手指辨識模型，需要花一點時間，Scratch 才可以使用。此時，瀏覽器會呈現靜止狀態，請稍等片刻，直到出現反應為止。

使用新視窗或標籤開啟 Handpose2Scratch 的網頁，按一下含有 Sample project 項目的連結，可以下載範例的專案檔案。

**Handpose2Scratch 的網頁**
https://github.com/champierre/handpose2scratch

## How to use

- Open https://stretch3.github.io/ Chrome.
- Open Handpose2Scratch extension.

## Sample project

https://github.com/champierre/handpose2scratch/raw/master/sample_projects/handpose.sb3

請開啟下載完畢的「handpose.sb3」，透過選單畫面，執行「檔案→從你的電腦挑選」命令，選取 handpose.sb3。

按下「turn video off」積木，在關閉 video 的狀態，
點擊綠旗，開始執行程式。

請讓攝影機拍攝你的手。產生分身的 Ball 會在手指各
個部位的座標上移動，排列出手指的形狀。下圖是當
攝影機拍攝猜拳遊戲時，剪刀手勢的截圖畫面。

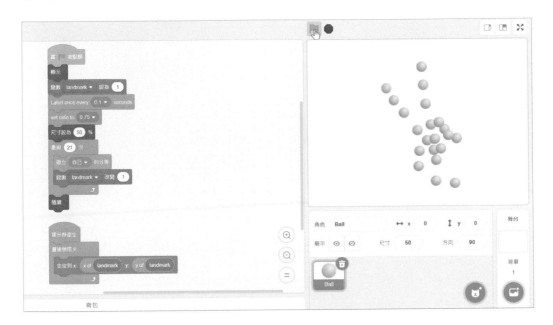

## 2 Facemesh2Scratch 能仔細辨識臉孔

接著要介紹可以仔細辨識臉孔的「Facemesh2Scratch」。Facemesh2Scratch 能辨識臉部 468 個不同部位,可以製作出只要在各個場所放上人物的眼睛、鼻子、嘴巴等五官,連細膩的表情也能呈現出來的虛擬直播主 app。

這次同樣開啟客製化 Scratch,在「選擇擴充功能」畫面中,選取「Facemesh2Scratch」。

同樣地,選取了 Facemesh2Scratch 之後,需要花一點時間下載已經學習完畢的模型,才能在 Scratch 中使用,所以瀏覽器會呈現靜止狀態,請稍待片刻,等待瀏覽器可以反應為止。

使用新視窗或標籤開啟 Facemesh2Scratch 的網頁,按一下含有 Sample project 項目的連結,可以下載範例的專案檔案。

**Facemesh2Scratch 的網頁**
https://github.com/champierre/facemesh2scratch

### How to use

- Open https://stretch3.github.io/ on Chrome.
- Open Facemesh2Scratch extension.

### 🔗 Sample project

https://github.com/champierre/facemesh2scratch/raw/master/sample_projects/facemesh.sb3

接著請開啟下載完畢的 facemesh.sb3 檔案。在選單畫面中,執行「檔案→從你的電腦挑選」命令,選取 facemesh.sb3。

點擊綠旗,開始執行程式。

請面對網路攝影機,拍攝自己的臉部。Ball 會在臉部的各個部位上移動,排列出臉部的形狀。

當 🏳 被點擊
Label once every 0.2 ▾ seconds
尺寸設為 5 %
顯示
變數 person_number ▾ 設為 1
重複 10 次
　建立 自己 ▾ 的分身
　變數 person_number ▾ 改變 1
隱藏

當分身產生
重複無限次
　如果 person_number = 1 那麼
　　筆跡全部清除
　如果 person_number < people count + 1 那麼
　　draw

定義 draw
變數 keypoint ▾ 設為 1
重複 468 次
　定位到 x: x of person no: person_number , keypoint no: keypoint y: y of person no: person_number , keypoint no: keypoint
　蓋章
　變數 keypoint ▾ 改變 1

Scratch 限制只能產生 300 個分身，若要排列 468 個 Ball，就得使用「畫筆」擴充功能的「蓋章」積木，不能使用分身，利用蓋章及清除自我的技巧來達到目的。

為了快速描繪畫面，在定義「draw」積木時，請勾選「執行完畢再更新畫面」。

建立一個積木

draw

添加輸入方塊
數字或文字

添加輸入方塊
布林值

text
添加說明文字

☑ 執行完畢再更新畫面

取消　　確定

Facemesh2Scratch 可以辨識多個人的臉孔，右圖是同時辨識兩個人的臉孔截圖。

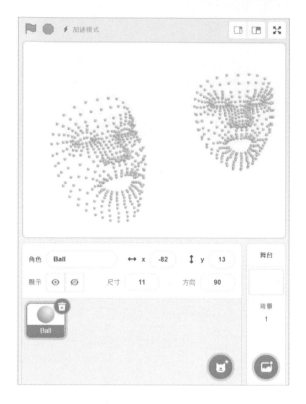

過去要辨識手或臉，需要使用特殊的感測器或裝置。例如在 2020 年上市的輸入機器 Leap Motion[1] 可以利用紅外線正確辨識手或手指。使用 Scratch Leap Motion Extension*2 擴充功能[2]，也能與 ScratchX 這個以 Scratch 2.0 為基礎的可擴充特別版 Scratch 整合，不過前提是必須購買 Leap Motion。

相對來說，Handpose2Scratch 的準確度雖然比 Leap Motion 等特殊裝置差，但是只要有市售的便宜網路攝影機或已經內建攝影機的電腦就能辨識手指。

使用了 Handpose2Scratch 的 Handpose 函式庫可以做到這一點。這個函式庫是以 Google 提供的 MediaPipe 與 TensorFlow.j[3] 等機器學習技術為基礎。

＊ 注 1： 請參考網址 https://www.ultraleap.com/
＊ 注 2： 請參考網址（英語）。https://khanning.github.io/scratch-leapmotion-extension/
＊ 注 3： 請參考網址（英語）。TensorFlowBlog - Face and hand tracking in the browser with MediaPipe and TensorFlow.js
https://blog.tensorflow.org/ 2020/03/face-and-hand-tracking-in-browser-with-mediapipe-and-tensorflowjs.html

**製作特殊擴充功能的方法**

本書介紹的 ImageClassifier2Scratch、ML2Scratch、TM2Scratch、PoseNet2Scratch、Speech2Scratch、Handpose2Scratch、Facemesh2Scratch 全都是非 Scratch 官方的特殊擴充功能。

Scratch 3 的原始碼公開在以下網址，只要下載至你的機器內，就可以在你的電腦上執行 Scratch 3，也能修改，開發出原創擴充功能。

**GitHub - Scratch**
https://github.com/llk

Scratch 3 的原始碼是用 JavaScript 寫的，比方説 Speech2Scratch 的「音声認識開始（開始辨識聲音）」與「音声（聲音）」積木的原始碼如下所示。

```
index.js

const ArgumentType = require('../../extension-support/argument-type');
const BlockType = require('../../extension-support/block-type');
const Cast = require('../../util/cast');

class Scratch3Speech2Scratch {
    constructor (runtime) {
        this.runtime = runtime;
        this.speech = '';
    }

    getInfo () {
        return {
            id: 'speech2scratch',
            name: 'Speech2Scratch',
            blocks: [
```

附錄

使用了其他擴充功能的機器學習

```
                    {
                        opcode: 'startRecognition',
                        blockType: BlockType.COMMAND,
                        text: '音声認識開始'
                    },
                    {
                        opcode: 'getSpeech',
                        blockType: BlockType.REPORTER,
                        text: '音声'
                    }
                ],
                menus: {
                }
            };
        }

        startRecognition () {
            SpeechRecognition = webkitSpeechRecognition || SpeechRecognition;
            const recognition = new SpeechRecognition();
            recognition.onresult = (event) => {
                this.speech = event.results[0][0].transcript;
            }
            recognition.start();
        }

        getSpeech() {
            return this.speech;
        }
    }

module.exports = Scratch3Speech2Scratch;
```

在個人電腦上執行及發布 Scratch 3 的方法，還有特殊擴充功能的詳細作法已經透過以下的線上內容說明，有興趣的讀者請自行挑戰。

**大人のための Scratch - Scratch を改造しよう**
https://otona-scratch.champierre.com/books/1/posts

參考資料

| 積木的形狀 | 功能 |
|---|---|
| ML train label 1<br>ML train label 2<br>ML train label 3 | **train label 1 ～ train label 3**<br>學習網路攝影機或舞台上的影像並加上標籤。增加了 ML2Scratch 擴充功能後，只有頭一次執行這些積木時，會出現「The first training will take a while, so do not click again and again.」提醒畫面。 |
| ML train label 4 ▼<br>選項：4、5、6、7、8、9、10 | **train label 4**<br>學習網路攝影機或舞台上的影像並加上標籤，可以選擇 4 ～ 10 的標籤編號。增加了 ML2Scratch 擴充功能後，只有頭一次執行這些積木時，會出現「The first training will take a while, so do not click again and again.」提醒畫面。 |
| ML train label 11 | **train label（11）**<br>學習網路攝影機或舞台上的影像並加上標籤，可以隨意設定標籤名稱，也能輸入編號 11 以外的字串（如「舉起右手」）。增加了 ML2Scratch 擴充功能後，只有頭一次執行這些積木時，會出現「The first training will take a while, so do not click again and again.」提醒畫面。 |
| ML label | **label**<br>分類學習完畢的網路攝影機或舞台上的影像，然後把加上標籤的結果儲存起來。用法和變數一樣。 |
| ML when received label: any ▼<br>選項：any、1、2、3、4、5、6、7、8、9、10 | **When received label:［any］**<br>分類學習完畢的網路攝影機或舞台上的影像，若加上標籤的結果是指定的標籤時，就執行這個積木下方的程式。如果設定為「any」，不論加上標籤的結果為何，都執行積木下方的程式。 |

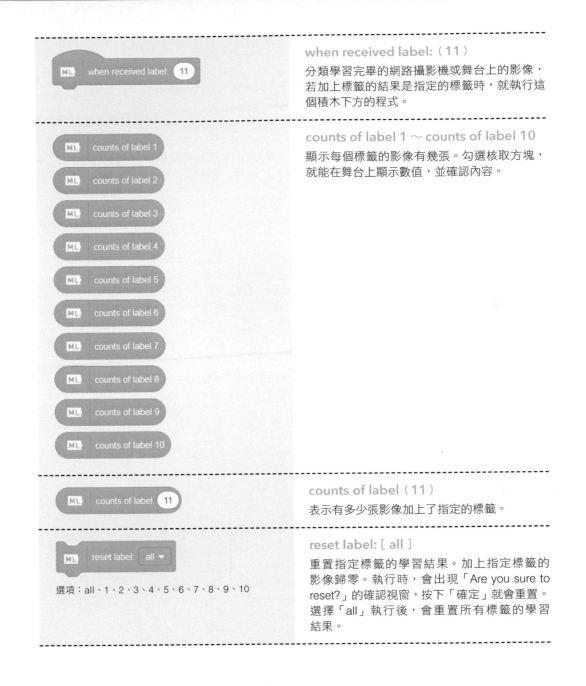

### when received label:（11）

分類學習完畢的網路攝影機或舞台上的影像，若加上標籤的結果是指定的標籤時，就執行這個積木下方的程式。

### counts of label 1 ～ counts of label 10

顯示每個標籤的影像有幾張。勾選核取方塊，就能在舞台上顯示數值，並確認內容。

### counts of label（11）

表示有多少張影像加上了指定的標籤。

### reset label:［ all ］

重置指定標籤的學習結果。加上指定標籤的影像歸零。執行時，會出現「Are you sure to reset?」的確認視窗，按下「確定」就會重置。選擇「all」執行後，會重置所有標籤的學習結果。

選項：all、1、2、3、4、5、6、7、8、9、10

**reset label:（11）**

重置指定標籤的學習結果。加上指定標籤的影像歸零。執行時，會出現「Are you sure to reset?」的確認視窗，按下「確定」就會重置。

**download learning data**

把學習影像並加上標籤的學習資料上傳到電腦上存檔。執行之後，設定檔案的下載位置，按下「存檔」鈕，就會把學習資料儲存成「<數字串>.json」檔案。

**upload learning data**

利用「upload learning data」上傳已經下載的學習資料。執行之後，會開啟「upload learning data」視窗，按下「選擇檔案」鈕，選取學習資料檔案（<數字串>.json），再按下「upload」鈕。

選項：off、on

**turn classification〔off〕**

開啟（on）或關閉（off）分類影像並加上標籤的功能。

選項：1, 0.5, 0.2, 0.1

**Label once every（1▼）seconds**

調整分類影像，加上標籤的頻率。選擇1、0.5、0.2、0.1 其中一項，可以設定「1秒1次」或「0.1秒1次」。另外，（）秒的部分可以輸入變數，能在該變數設定1～0.1以外的數值，設定成任意頻率。

**turn video〔off〕**

切換在舞台上不顯示（off）、顯示（on）或左右翻轉（on flipped）網路攝影機的影像。

選項：webcam、stage

### Learn/Classify〔webcam〕image

切換要使用網路攝影機的影像（webcam）或舞台上的影像（stage）來學習並進行判斷。執行「turn video〔off〕」積木，網路攝影機的影像就不會顯示在舞台上，執行「Learn/Classify〔stage〕image」之後，會把角色或顯示了背景的舞台影像當作學習及判斷的對象。

## ● TM2Scratch

| 積木的形狀 | 功能 |
| --- | --- |

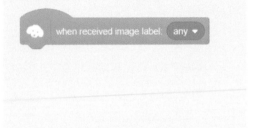

### when received image label:（any ▼）

分類網路攝影機的影像並加上標籤後，如果結果是指定的標籤時，就執行這個積木下方的程式。如果設定為「any」，不論加上標籤的結果為何，都執行積木下方的程式。剛開始只能選擇「any」，但是執行「影像分類模型 URL（https://teachablemachine.withgoogle.com/models/.../）」之後，就能選擇在 Teachable Machine 網站製作的各個標籤，還能在指定標籤的部分輸入變數。

### image（any ▼）detected

判斷分類網路攝影機的影像並加上標籤的結果與這個積木設定的標籤是否一致。剛開始只能選擇「any」，但是執行「影像分類模型 URL（https://teachablemachine.withgoogle.com/models/.../）」之後，就能選擇在 Teachable Machine 網站製作的各個標籤。還能在指定標籤的部分輸入變數。

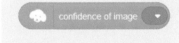

### confidence of image（ ▼）

代表指定標籤的準確度。準確度是指，以 0 到 1 之間的小數顯示網路攝影機的影像分類結果為指定標籤的機率有多少。執行「影像分類模型 URL（https://teachablemachine.withgoogle.com/models/.../）」之後，就能選擇在 Teachable Machine 網站製作的各個標籤，還能在指定標籤的部分輸入變數。

## Image classification model URL
（https://teachablemachine.withgoogle.com/models/.../）

從指定的 URL 下載並載入在 Teachable Machine 的 Image Project 製作的影像分類模型。若一開始就從輸入的 URL 載入影像分類模型，可以辨識猜拳遊戲的剪刀、石頭、布。

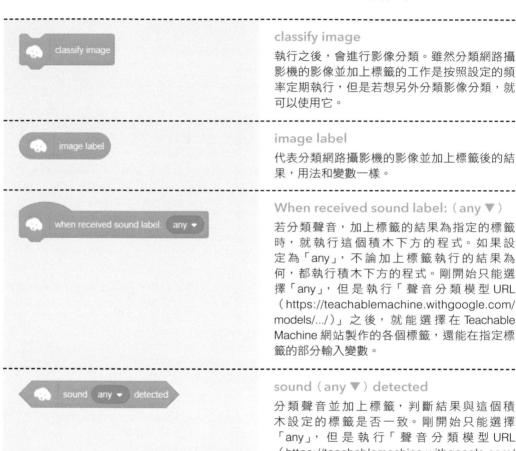

### classify image

執行之後，會進行影像分類。雖然分類網路攝影機的影像並加上標籤的工作是按照設定的頻率定期執行，但是若想另外分類影像分類，就可以使用它。

### image label

代表分類網路攝影機的影像並加上標籤後的結果，用法和變數一樣。

### When received sound label:（any ▼）

若分類聲音，加上標籤的結果為指定的標籤時，就執行這個積木下方的程式。如果設定為「any」，不論加上標籤執行的結果為何，都執行積木下方的程式。剛開始只能選擇「any」，但是執行「聲音分類模型 URL（https://teachablemachine.withgoogle.com/models/.../）」之後，就能選擇在 Teachable Machine 網站製作的各個標籤，還能在指定標籤的部分輸入變數。

### sound（any ▼）detected

分類聲音並加上標籤，判斷結果與這個積木設定的標籤是否一致。剛開始只能選擇「any」，但是執行「聲音分類模型 URL（https://teachablemachine.withgoogle.com/models/.../）」之後，就能選擇在 Teachable Machine 網站製作的各個標籤，還能在指定標籤的部分輸入變數。

## confidence of sound（ ▼ ）

代表指定標籤的準確度。準確度是指，以 0 到 1 之間的小數顯示聲音的分類結果是指定標籤的機率有多少。執行「聲音分類模型 URL（ https://teachablemachine.withgoogle.com/ models/.../ ）」之後，就能選擇在 Teachable Machine 網站製作的各個標籤，還能在指定標籤的部分輸入變數。

## sound classification model URL
（https://teachablemachine.withgoogle.com/models/.../）

從指定的 URL 下載並載入在 Teachable Machine 的 Audio Project 製作的聲音分類模型。若一開始就從輸入的 URL 載入聲音分類模型，可以辨識、分類 clap（拍手）及 whistle（吹口哨）。

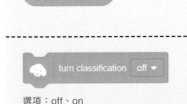

### sound label

代表分類聲音並加上標籤後的結果，用法和變數一樣。

### turn classification〔off〕

切換開啟（off）或關閉（on）分類影像或聲音並加上標籤的功能。

選項：off、on

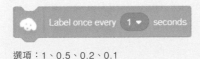

選項：1、0.5、0.2、0.1

### Label once every（1 ▼ ）seconds

調整分類影像或聲音並加上標籤的頻率。選擇 1、0.5、0.2、0.1 其中一項，可以設定「1 秒 1 次」到「0.1 秒 1 次」。另外，（ ）秒的部分可以輸入變數，能在該變數設定 1 ～ 0.1 以外的數值，設定成任意頻率。

參考資料

**set confidence threshold 0.5**

調整設定好的準確度臨界值。如果影像或聲音的分類準確度沒有超過這個積木設定的臨界值，就不加上標籤。一開始輸入的數值是 0.5，假如分類影像的結果，準確度沒有超過 0.5 以上，「when received image label:『any』」就沒有反應。

**Confidence threshold**

這是代表準確度的臨界值。影像或聲音的分類結果，亦即準確度沒有超過臨界值，就不加上標籤。最初的輸入值是 0.5，假設影像的分類結果，亦即準確度沒有超過 0.5 以上，就不加上標籤。此時，「when received image label:『any』」沒有反應。

選項：off、on、on flipped

**turn video〔off〕**

切換在舞台上不顯示（off）、顯示（on）或左右翻轉（on flipped）網路攝影機的影像。

## ● PoseNet2Scratch

| 積木的形狀 | 功能 |
| --- | --- |
| <br>第一個選項：nose、left eye、right eye、left ear、right ear、left shoulder、right shoulder、left elbow、right elbow、left wrist、right wrist、left hip、right hip、left knee、right knee、left ankle、right ankle<br>第二個選項：1、2、3、4、5、6、7、8、9、10 | （nose ▼）x of person no.（1 ▼）<br>代表特定人物的特定身體部位的 x 座標。 |
| 第一個選項：nose、left eye、right eye、left ear、right ear、left shoulder、right shoulder、left elbow、right elbow、left wrist、right wrist、left hip、right hip、left knee、right knee、left ankle、right ankle<br>第二個選項：1、2、3、4、5、6、7、8、9、10 | （nose ▼）y of person no.（1 ▼）<br>代表特定人物的特定身體部位的 y 座標。 |

| | people count |
|---|---|
| **people count** 代表辨識的人數。 |

| | nose x |
|---|---|
| **nose x** 代表第一個人物鼻子的 x 座標。 |

| | nose y |
|---|---|
| **nose y** 代表第一個人物鼻子的 y 座標。 |

| | left eye x |
|---|---|
| **left eye x** 代表第一個人物左眼的 x 座標。 |

| | left eye y |
|---|---|
| **left eye y** 代表第一個人物左眼的 y 座標。 |

| | right eye x |
|---|---|
| **right eye x** 代表第一個人物右眼的 x 座標。 |

| | right eye y |
|---|---|
| **right eye y** 代表第一個人物右眼的 y 座標。 |

| | left ear x |
|---|---|
| **left ear x** 代表第一個人物左耳的 x 座標。 |

| | left ear y |
|---|---|
| **left ear y** 代表第一個人物左耳的 y 座標。 |

| | right ear x |
|---|---|
| **right ear x** 代表第一個人物右耳的 x 座標。 |

| | right ear y |
|---|---|
| **right ear y** 代表第一個人物右耳的 y 座標。 |

| | left shoulder x |
|---|---|
| **left shoulder x** 代表第一個人物左肩的 x 座標。 |

| | left shoulder y |
|---|---|
| **left shoulder y** 代表第一個人物左肩的 y 座標。 |

| | right shoulder x |
|---|---|
| **right shoulder x** 代表第一個人物右肩的 x 座標。 |

| | |
|---|---|
| right shoulder y | **right shoulder y**<br>代表第一個人物右肩的 y 座標。 |
| left elbow x | **left elbow x**<br>代表第一個人物左肘的 x 座標。 |
| left elbow y | **left elbow y**<br>代表第一個人物左肘的 y 座標。 |
| right elbow x | **right elbow x**<br>代表第一個人物右肘的 x 座標。 |
| right elbow y | **right elbow y**<br>代表第一個人物右肘的 y 座標。 |
| left wrist x | **left wrist x**<br>代表第一個人物左手腕的 x 座標。 |
| left wrist y | **left wrist y**<br>代表第一個人物左手腕的 y 座標。 |
| right wrist x | **right wrist x**<br>代表第一個人物右手腕的 x 座標。 |
| right wrist y | **right wrist y**<br>代表第一個人物右手腕的 y 座標。 |
| left hip x | **left hip x**<br>代表第一個人物左臀的 x 座標。 |
| left hip y | **left hip y**<br>代表第一個人物左臀的 y 座標。 |
| right hip x | **right hip x**<br>代表第一個人物右臀的 x 座標。 |
| right hip y | **right hip y**<br>代表第一個人物右臀的 y 座標。 |
| left knee x | **left knee x**<br>代表第一個人物左膝的 x 座標。 |

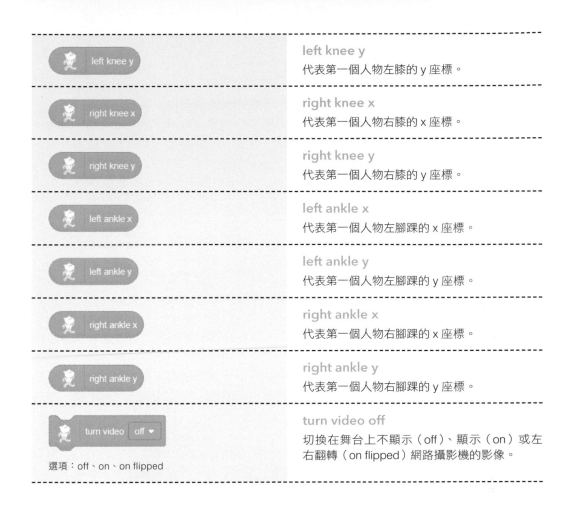

| | |
|---|---|
| left knee y | **left knee y**<br>代表第一個人物左膝的 y 座標。 |
| right knee x | **right knee x**<br>代表第一個人物右膝的 x 座標。 |
| right knee y | **right knee y**<br>代表第一個人物右膝的 y 座標。 |
| left ankle x | **left ankle x**<br>代表第一個人物左腳踝的 x 座標。 |
| left ankle y | **left ankle y**<br>代表第一個人物左腳踝的 y 座標。 |
| right ankle x | **right ankle x**<br>代表第一個人物右腳踝的 x 座標。 |
| right ankle y | **right ankle y**<br>代表第一個人物右腳踝的 y 座標。 |
| turn video off ▼<br>選項：off、on、on flipped | **turn video off**<br>切換在舞台上不顯示（off）、顯示（on）或左右翻轉（on flipped）網路攝影機的影像。 |

## ● PoseNet2Scratch 可以透過座標瞭解的身體部位

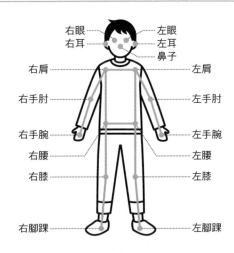

右眼　左眼
右耳　左耳
鼻子
右肩　左肩
右手肘　左手肘
右手腕　左手腕
右腰　左腰
右膝　左膝
右腳踝　左腳踝

參考資料

# 後記

2019 年 5 月在 Maker Faire Kyoto 博覽會上,本書的編輯関口伸子邀請我撰寫以兒童為對象的機器學習書籍。當時我正為了要同時兼顧本業及寫書感到十分辛苦,而猶豫著要暫時停筆。但是出版過 Perl、「日文資料處理」等眾多技術書籍的 O'Reilly 提出要幫我出書的邀約,讓我感到很榮幸,再加上在 CoderDojo 向孩子們介紹 ML2Scratch 初期版本時,大家都覺得神奇,學得非常開心,既然有這麼難得的機會介紹如此好玩的東西,我就欣然接受了。

就算你不懂得腳踏車的結構,只要反覆練習騎一段時間就能學會。學會騎腳踏車之後,可以抵達從前到不了的遠方,行動會變得更快速方便,還能累積大量有趣的經驗。當然如果不遵守交通規則,也會有性命之憂,所以瞭解危險性是很重要的。不過我認為在騎車之前,就一股腦地想著「腳踏車對我們來說很危險!」也過於杞人憂天。

機器學習也一樣,與其鑽研結構,倒不如先試著操作,瞭解機器學習究竟能做什麼,就可以累積大量愉快的經驗。就像學會騎腳踏車之後,會思考「想騎得更快更好,應該怎麼做?」而開始想嘗試更換零件,瞭解腳踏車的構造。我想機器學習也一樣,先試著動手操作,產生興趣後,就會開始思索如何變得更方便有趣,進而想深入瞭解結構,這樣的學習方法比較適合。

這本書的每一章都是我和倉本兩個人一起寫的。準備擴充功能,說明結構的部分主要由我負責,而在研討會上教導許多孩子們程式設計的樂趣,有著豐富經驗的倉本則負責規劃可以立刻動手操作,讓人滿心期待的有趣專案,為這本書增添「使用機器學習可以體驗這種樂趣」的色彩。另外,讓我有機會接觸 Scratch,撰寫各種書籍,提供許多建議及修改意見的監修員阿部,謝謝您。

我的老友——國際資料學研究所 資料學原理研究系 準教授市瀨龍太郎在初期原稿階段,對書中說明機器學習的部分提供了不少寶貴的建議。儘管他平日忙於學術研究,且校稿時間非常倉促,卻因為想對未來的程式設計教育進一份心力而爽快答應,非常感謝。由於編輯上的需求,無法將所有建議反映在書上。倘若本書有疏漏或錯誤,全都是我們作者的責任。

石原 淳也

幾年前，石原首次把 ML2Scratch 展示給我看。雖然當時我對機器學習與人工智慧（AI）的用語及知識有一定的瞭解，卻沒有實際經驗。那個時候的範例是一個分辨手指影像，Scratch 的角色會往該方向移動的簡單程式，對於結構與原理一無所知的我而言，一切太理所當然，使得我完全沒有頭緒（自然而然就執行了）。

之後我思索著不曉得能不能辨識周遭的事物？而開始嘗試，試著讓程式學習有趣的東西（迷你車），才逐漸體會機器學習的厲害及有趣之處，還有如何改進。

最近現實生活中運用機器學習、影像辨識、聲音辨識的機器或服務愈來愈多。藉由這本書學會機器學習的基礎，然後模仿現有的事物，或進一步加工，利用機器學習，挑戰解決自己的問題，如果你能從中發現樂趣，成為啟發新想法的契機，我將深感榮幸。

感謝在撰寫本書時，給予建議，在背後支持我的家人與朋友，還有想利用 Scratch 執行機器學習，而參與研討會的人員及課堂上的學生們。

倉本 大資

## 參考文獻

《The Nature of Code-Simulating Natural Systems with Processing》（The Nature of Code）Daniel Shiffman 著
https://www.borndigital.co.jp/book/5425.html

《Deep Learning：用 Python 進行深度學習的基礎理論實作》（O'Reilly）斎藤 康毅 著
https://www.oreilly.co.jp/books/9784873117584/

《カラー図解 Raspberry Pi ではじめる機械学習 基礎からディープラーニングまで》（講談社）
金丸 隆志 著
https://bookclub.kodansha.co.jp/product?item=0000226701

《Excel でわかるディープラーニング超入門》（技術評論社）涌井 良幸、涌井 貞美 著
https://gihyo.jp/book/2018/978-4-7741-9474-5

《土日で学べる「AI &自動化」プログラミング（日経 BP パソコンベストムック）》（日経 BP）
日經 Software 編
https://www.nikkeibp.co.jp/atclpubmkt/book/20/279390/

「はじめての AI」（Udemy：免費方案）
Offered by Grow with Google
https://www.udemy.com/share/101qSW/

# 作者簡介

## 石原 淳也 ｜ いしはら じゅんや

除了開發網路服務及 iPhone app 之外，還協助在日本成立愛爾蘭兒童程式設計組織「CoderDojo」的相關事宜，目前負責 CoderDojo Chofu，利用程式設計循環「OtOMO」，持續從事教導孩童學習程式設計的工作。畢業於東京大學工學院機械資訊工學系，是 machique.st（股）公司的負責人，Tsukurusha,LLC. 的代表社員。著作有《Scratch で楽しく学ぶ アート＆サイエンス》（日經 BP），共同著作《Raspberry Pi ではじめるどきどきプログラミング 増補改訂第 2 版》（日經 BP）。

## 倉本 大資 ｜ くらもと だいすけ

生於 1980 年，2004 年筑波大學藝術專門學群綜合造型課程畢業。2008 年開始舉辦許多使用 Scratch 的兒童程式設計研討會。從事自行經營的程式設計循環「OtOMO」相關活動及 switch education 顧問，並參與程式設計教室「TENTO」等以兒童程式設計為主的活動。透過舉辦研討會以及以指導人員為對象的講座，教導兒童與成人如何設計程式，傳遞學習程式設計的樂趣。著作有《アイデアふくらむ探検ウォッチ micro:bit でプログラミング》（誠文堂新光社）。共同著作《小学生からはじめるわくわくプログラミング 2》（日經 BP）、《使って遊べる！ Scratch おもしろプログラミングレシピ》（翔泳社）。共同翻譯《mBot でものづくりをはじめよう》（O'Reilly Japan）。還撰寫網路連載「micro:bit でレッツ プログラミング！」（「兒童科學」）。

# 監修者介紹

## 阿部 和広 ｜ あべ かずひろ

自 1987 年開始，持續從事物件導向程式設計語言 Smalltalk 的研發工作。2001 開始接受電腦之父，也是 Smalltalk 開發者 Alan Kay 的指導，負責 Squeak Etoys 與 Scratch 的日文版本，舉辦過許多以兒童及教育人員為主的講習。

同時也參與了 OLPC（$100 laptop）計畫。著作有《小学生からはじめるわくわくプログラミング》（日經 BP 社），共同著作《ネットを支えるオープンソースソフトウェアの進化》（角川學藝出版），監修《作ることで学ぶ》（O'Reilly Japan）等。還負責 NHK 教育頻道「Why!? プログラミング」程式設計監修、演出「Friday Morning school」。曾任多摩美術大學研究員、東京學藝大學、武藏大學、津田塾兼任講師、Cyber 大學客座教授，現為青山學院大學研究所社會資料學研究系專任教授、放送大學客座教授。2003 年度獲得 IPA 的 Super Creator 認證。曾任日本文部科學省程式設計學習相關調查研究員。

# 邊玩邊學，使用 Scratch 學習 AI 程式設計

作　　者：石原 淳也 / 倉本 大資
監　　修：阿部 和広
譯　　者：吳嘉芳
企劃編輯：莊吳行世
文字編輯：王雅雯
設計裝幀：陶相騰
發 行 人：廖文良

發 行 所：碁峰資訊股份有限公司
地　　址：台北市南港區三重路 66 號 7 樓之 6
電　　話：(02)2788-2408
傳　　真：(02)8192-4433
網　　站：www.gotop.com.tw
書　　號：A668
版　　次：2021 年 02 月初版
　　　　　2023 年 04 月初版五刷
建議售價：NT$480

國家圖書館出版品預行編目資料

邊玩邊學，使用 Scratch 學習 AI 程式設計 / 石原淳也, 倉本大資原著；吳嘉芳譯. -- 初版. -- 臺北市：碁峰資訊, 2021.02
　　面；　公分
　　ISBN 978-986-502-713-1(平裝)
　　1.電腦動畫設計　2.電腦程式語言
312.8　　　　　　　　　　　　　　　　109022039

## 讀者服務

● 感謝您購買碁峰圖書，如果您對本書的內容或表達上有不清楚的地方或其他建議，請至碁峰網站：「聯絡我們」\「圖書問題」留下您所購買之書籍及問題。（請註明購買書籍之書號及書名，以及問題頁數，以便能儘快為您處理）
http://www.gotop.com.tw

● 售後服務僅限書籍本身內容，若是軟、硬體問題，請您直接與軟體廠商聯絡。

● 若於購買書籍後發現有破損、缺頁、裝訂錯誤之問題，請直接將書寄回更換，並註明您的姓名、連絡電話及地址，將有專人與您連絡補寄商品。